世界五千年
科技故事丛书

卢嘉锡题

世界五千年科技故事丛书

中国领先世界的科技成就

丛书主编　管成学　赵骥民

编著　管成学

吉林出版集团｜吉林科学技术出版社

图书在版编目（CIP）数据

中国领先世界的科技成就 / 管成学，赵骥民主编.
-- 长春：吉林科学技术出版社，2012.10（2022.1重印）
ISBN 978-7-5384-6161-9

Ⅰ.① 中… Ⅱ.① 管… ② 赵… Ⅲ.① 科学技术－技术史
－中国－普及读物 Ⅳ.① N092-49

中国版本图书馆CIP数据核字（2012）第156331号

中国领先世界的科技成就

主　　编　管成学　赵骥民
出 版 人　宛　霞
选题策划　张瑛琳
责任编辑　张胜利
封面设计　新华智品
制　　版　长春美印图文设计有限公司
开　　本　640mm×960mm　1 / 16
字　　数　100千字
印　　张　7.5
版　　次　2012年10月第1版
印　　次　2022年1月第4次印刷

出　　版　吉林出版集团
　　　　　吉林科学技术出版社
发　　行　吉林科学技术出版社
地　　址　长春市净月区福祉大路 5788 号
邮　　编　130118
发行部电话 / 传真　0431-81629529　81629530　81629531
　　　　　　　　　　81629532　81629533　81629534
储运部电话　0431-86059116
编辑部电话　0431-81629518
网　　址　www.jlstp.net
印　　刷　北京一鑫印务有限责任公司

书　　号　ISBN 978-7-5384-6161-9
定　　价　33.00元
如有印装质量问题可寄出版社调换
版权所有　翻印必究　举报电话：0431-81629508

序　言

十一届全国人大副委员长、中国科学院前院长、两院院士

（签名）

放眼21世纪，科学技术将以无法想象的速度迅猛发展，知识经济将全面崛起，国际竞争与合作将出现前所未有的激烈和广泛局面。在严峻的挑战面前，中华民族靠什么屹立于世界民族之林？靠人才，靠德、智、体、能、美全面发展的一代新人。今天的中小学生届时将要肩负起民族强盛的历史使命。为此，我们的知识界、出版界都应责无旁贷地多为他们提供丰富的精神养料。现在，一套大型的向广大青少年传播世界科学技术史知识的科普读物《世

_____

界五千年科技故事丛书》出版面世了。

由中国科学院自然科学研究所、清华大学科技史暨古文献研究所、中国中医研究院医史文献研究所和温州师范学院、吉林省科普作家协会的同志们共同撰写的这套丛书，以世界五千年科学技术史为经，以各时代杰出的科技精英的科技创新活动作纬，勾画了世界科技发展的生动图景。作者着力于科学性与可读性相结合，思想性与趣味性相结合，历史性与时代性相结合，通过故事来讲述科学发现的真实历史条件和科学工作的艰苦性。本书中介绍了科学家们独立思考、敢于怀疑、勇于创新、百折不挠、求真务实的科学精神和他们在工作生活中宝贵的协作、友爱、宽容的人文精神。使青少年读者从科学家的故事中感受科学大师们的智慧、科学的思维方法和实验方法，受到有益的思想启迪。从有关人类重大科技活动的故事中，引起对人类社会发展重大问题的密切关注，全面地理解科学，树立正确的科学观，在知识经济时代理智地对待科学、对待社会、对待人生。阅读这套丛书是对课本的很好补充，是进行素质教育的理想读物。

读史使人明智。在历史的长河中，中华民族曾经创造了灿烂的科技文明，明代以前我国的科技一直处于世界领先地位，涌现出张衡、张仲景、祖冲之、僧一行、沈括、郭守敬、李时珍、徐光启、宋应星这样一批具有世界影响的科学家，而在近现代，中国具有世界级影响的科学家并不多，与我们这个有着13亿人口的泱泱大国并不相称，与世界先进科技水平相比较，在总体上我国的科技水平还存在着较大差距。当今世界各国都把科学技术视为推动社会发展的巨大动力，把培养科技创新人才当做提高创新能力的战略方针。我国也不失时机地确立了科技兴国战略，确立了全面实施素质教育，提高全民素质，培养适应21世纪需要的创新人才的战略决策。党的十六大又提出要形成全民学习、终身学习的学习型社会，形成比较完善的科技和文化创新体系。要全面建设小康社会，加快推进社会主义现代化建设，我们需要一代具有创新精神的人才，需要更多更伟大的科学家和工程技术人才。我真诚地希望这套丛书能激发青少年爱祖国、爱科学的热情，树立起献身科技事业的信念，努力拼搏，勇攀高峰，争当新世纪的优秀科技创新人才。

目　录

精耕细作，巧夺天工
——我国古代的农业科学技术

　　我国是世界上发明农业最早的国家之一，也是世界农业作物起源中心之一。黄河流域地区的原始农业，以种植耐旱的粟为主。在距今有7000多年的河南新郑裴李岗遗址出土了较多数量的农业生产工具，从土地开垦到农作物收割以及谷物加工工具，应有尽有。半坡遗址还出土了一个带盖的陶罐，其中有保存完好的粟粒，这是六七千年前黄河流域种粟的实物例证。

　　浙江余姚河姆渡遗址发现大量稻谷、稻壳、稻秆、稻叶，这是7000年前长江流域种植水稻的见证。河姆渡遗址的稻与半坡遗址的谷，经鉴定都是经过相当长时间人工栽培的品种。3000多年前的甲骨文中，已有稻、禾、稷、粟、麦等农作物，又有等整治土地的文字，说明了商代的农业水平。

在长期的农业实践中，我们的先人对土壤研究、改造，加以多方利用，创造了世界上最先进的农业工具，用精耕细作取得了古代世界各国第一流的产量和最优良的品种。毛泽东主席总结我们的经验时说："中国就是靠精耕细作吃饭。"是的，我们祖先在农业科学技术方面创造的成就，确实可以称得上"精耕细作，巧夺天工"。

阴谋家与最早的农业科学论文

河南阳翟的大商人吕不韦，贩贱卖贵，已经家资千金。他不仅是一个大商人，还是一个大阴谋家。他进行了一次策立国君的政治大投机。

秦的安国君宠爱华阳夫人，华阳夫人无子。安国君的儿子子楚，生母夏姬不被钟爱，子楚作为人质住在赵国，不被安国君重视。吕不韦认为被弃于赵国做人质的子楚是"奇货可居"。吕不韦将怀孕的爱姬献给子楚，子楚为其美貌所迷，不知吕不韦的爱姬已有身孕。安国君继位一年而死，子楚继为秦王，立华阳夫人为太后，吕不韦被封为丞相、文信侯，食邑为河南洛阳十万户产。吕不韦爱姬生下的是一个男孩，又被子楚（秦庄襄王）立为太子，他就是后来统一六国的秦始皇。统治国家的已不再是嬴姓的子孙，而是吕不韦的骨肉了。大阴谋家吕不韦还做过一件好事，那就是他请了一大批文人食客，于秦始皇3年（239）编撰了《吕氏春秋》一书。此书中的《上农》、《辩土》、《任地》、《审时》4篇文章，是我国历史上最早的很有价值的农业科学论文。《上农》阐述的是农业理论与政策，提出农业是国家的根本，要想国富民强，就必须重视农业，奖励耕桑。这一思想指导了中国两千多年的国计民生，至今仍有借鉴意义。

　　《辩土》与《任地》两篇谈的是改造土壤的科学技术。《辩土》篇对耕地提出了"先垆后靲"的原则，这符合土壤的结构与墒情。即先耕黏性较大的"垆土"，以免水分散失变得坚硬，耕种不便；后耕比较松散的"靲土"，不影响靲土的保墒。《任地》对耕地也有论述，它指出耕地深浅以见墒为度。这样，才能达到"大草不生，又无螟蜮"的效果，还规定了始耕的时候及耕作的次数。这些原则与方法对传统农业一直有指导意义。

　　《辩土》篇还提出了要充分利用土地合理密植的主张，并配合以相应的技术措施。指出种地要消灭"三盗"，即沟垄小为一盗，苗无行而又太密为二盗，苗无行而又太稀为三盗。除"三盗"的技术措施有整地的"(垄)欲广以平,(沟)欲小以深",这样就可以防止第一盗的沟大垄小了,又利于涝时排水,旱时保墒。播种与定苗的技术措施是对植株的行列有一定要求,以保证竖行通达,横行间错,达到通风的目的。播种要适量,播种后覆土,厚薄要均匀。覆土太厚,苗不易破土而生;覆土太薄,种子难得湿润,不易发芽。定苗时,要"长期而去其弟",即要留大去小,而且,肥地苗要密些,瘠地苗要稀些。这样,就保证能够防止第二、三盗了。

《辩土》篇对中耕除草指出要严防伤根。《任地》对除草提出功夫要精细,次数要加多,遇到干旱时,更要锄地,可使土壤疏松,减少水分流失。

《任地》篇对土壤改良提出了5条原则,即"力者欲柔,柔者欲力;息者欲劳,劳者欲息;棘者欲肥,肥者欲棘;急者欲缓,缓者欲急;湿者欲燥,燥者俗湿。"即坚硬与黏合的土壤应互相转化,休闲与连作的土壤应互相轮作,肥沃与贫瘠的土壤应互相补充,紧密与疏松的土壤应互相转化,潮湿与干燥的土壤也应互相转化。这5条措施对合理使用土地,使土壤保持适于农作物生长的最佳状态,以最大限度地发挥地力,指出了要遵循的基本原则。它包含了土质改良、轮作制度、施肥保墒等技术内容,具有可贵的朴素辩证法思想。

《任地》篇中还记述了一些地区出现的"上田弃亩，下田弃田川"的栽培方法，这是一种"畦种法"。"上田弃亩"是说在高田旱地或雨水稀少的地区，土壤墒情往往不足，因此要把庄稼种在沟里，可以防风，减少水分的蒸发。"下田弃田川"是指低田湿地水分过多，要把庄稼种在高而干燥的垄上，保证水分的适度，不致涝死。这样，根据不同地势，通过合理的田间布置，保证旱涝高低的土地得到科学的利用。汉代的"代田法"与"区田法"就是在此基础上，逐渐发展起来的。《审时》篇提出："夫稼，为之者人也，生之者地也，养之者天也"。把天时、地利、人力定为农业生产的三大要素，并且认为人力是第一重要的。这意义十分重大，说明我国的农业技术已从顺乎自然，向有意识地改造自然的方向发展了。

《审时》篇具体论述了及时耕种、收获的重要性。讨论了禾、黍、稻、麻、菽、麦的耕作及时与不及时的成败得失。耕作及时的小麦，生长发育良好，植株健壮，害虫难以侵害，穗大色深，粒重皮薄，出粉率高，吃后耐饥；耕种不及时的小麦，早者易遭虫害，晚者苗弱穗不丰满，皮厚出粉率低，吃后不耐饥。《审时》篇认为抓紧农时，是取得丰收的必备条件，"得时之稼兴，失时之稼约"；

"稼就而不获，必遇天灾"。这些长期实践中总结出来的经验，是十分可贵的。最后，《审时》篇的科学结论是"凡农之道，候之为宝"。

《上农》等四篇农业科技论文，总结了先秦时代劳动人民的生产经验，反映了春秋战国时期我国的农业科学技术水平。与同期的罗马农学家伽图所写的农书相比较，《上农》等所论述的科学原理更深刻、更广泛。

西汉的《氾胜之书》

《氾胜之书》是氾胜之写的一本农学专著。氾胜之是山东省曹县人。汉成帝（前33—7年）时曾任郎官，在京城附近的三辅地区指导过农业生产，取得了很好的成绩，被升为御使。

《氾胜之书》靠《齐民要术》等书的引文，保存了一些零碎的片断，收集起来，有3000多字。但是，这存在的3000多字，却包含许多值得注意的农业科学技术成就。

氾胜之总结了我国北方，特别是他任官的长安、关中地区的耕作制度，对耕作原理提出了一些科学的见解。主要有以下4项：第一，"趣时"：抓住农时，要赶上雨前雨后最合适的耕种时间；第二，"和土"：耕地、锄草、磨平，尽一切努力使土壤松软；第三，"务粪泽"：保持土壤的肥沃与湿润；第四，"早锄早获"：及时中耕、锄草，庄稼成熟后立即收获。

《氾胜之书》记载了栽培作物10多种。粮食作物有谷子、黍子、宿麦（冬小麦）、旋麦（春小麦）、水稻、小豆、大豆；油料作物有苴麻（雌株大麻）、油苏子（白苏）；纤维作物有台木（雄株大麻）、桑树；蔬菜类有瓜、瓠、芋等。对每种作物都分选种、播种、收获、储藏，加以叙述。如选种，提出了麦子、谷子的穗选法，保证良种的纯洁；播种水稻，用控制水流来调节水温；培育桑苗采用截干法，将第一年生桑苗贴地割去，促使第二年桑苗生长旺盛。书中的"保泽"技术也值得重视，提出视雪情、雨情、旱情、季节、土质的不同情况，而采取镇压、拖压、抹平等不同的保墒方法，这些来自气候干旱的黄河流域的经验，十分宝贵。

代田法与区田法

在精耕细作思想指导下，为了提高单位面积产量，在西汉时期，我国先后出现了代田法与区田法。这是汉代农业科学技术的重要成果，它代表了我国古代劳动人民运用智慧和经验向土地夺高产的光辉业绩。

西汉的"文景之治"，为汉代恢复和发生产创造了一个安定平静的环境，农业生产也得到了一定的发展。汉武帝时，开展了更大规模的发展农业生产，推广先进农具与农业科学技术的措施。为此，封丞相田千秋为富民侯，封赵过为搜粟都尉。

代田法正是赵过总结当时的生产技术而加以推广的。《汉书·食货志》说："过能为代田，一亩三田川，岁代处，故曰代田。古法也。"古法是指春秋时代的畎亩法。《国语·周语》解释"畎亩"说："下曰畎，高曰亩。亩垄也。""一亩三畎"就是在一亩地里作3条沟、3条垄。"岁代处"是指垄和沟每年位置要互换一次。这种将土地利用和休闲互相交替的做法，是在当时肥力不足的情况下，恢复和增进地力的一种技术措施。

代田法相比畎亩法，在栽培管理方法上有很大改进，"播种于田川中，苗生三叶以上，稍耨垄草，因聩其土，以附苗根……苗稍壮，每耨则附根，比盛暑，垄尽而根深，能风与旱。"这个方法很适于北方多风少雨地区的抗旱保苗。第一，种子播在沟里，能较好地保持温度与水分，有利于出全苗；第二，幼苗出土后在沟里，便于防风防旱，减少叶面水分蒸发；中耕锄草时将垄上的土不断培向根部，直至垄平，植株根深叶茂，能抵抗倒伏。

这种代田法，经过实践，产量确有提高。《汉书·食货志》说："一岁之收，常过缦田（不用代田法的田地）亩一斛以上，善者，倍之。"汉代1斛等于10斗，种植好的代田可以增产20斗以上，这个增产数值是很可观的。

区田法比代田法略晚，它见于《氾胜之书》的记载。如果说代田法是北方多风干旱地区在平原上大面积推广的种田技术。那区田法就是在北方干旱地区向山地、坡地要田的一种小面积增产的技术。

西汉晚期，土地日益集中到大地主的手中，又常常出现战乱与自然灾害，广大农民缺少耕地的危机日益严重，解决这种危机的主要方法便是提高耕作技术，争取最大限度地利用土地。区田法就是在这种背景下产生的。

区田法的田间布置，有两种形式，即有开沟点播的区田和坑空点播的区田。区田法的特点是作区。以方形点播的区田为例，先深挖地区，方形区田的大小、深度、区田之间的距离，各有不同。一般情况下，肥沃的土质，区的长、宽各6寸，深也6寸，区田相距9寸；稍差的土质，区的尺寸增大，深度增加，区间距离也增大，更差的土质，各种数据还会加大。总之，土壤肥沃，作区数就多，土壤贫瘠做区数就少。区做成后，再下种，加肥，精耕细作，以求丰收。

区田法比代田法的优越之处，在于区田不受地形的限制，不受土质的影响。山陵、高危的坡地，城丘边地，皆可作区田。瘠贫地、沙土地皆可利用，它以粪肥来夺得高产，对水土保持也有一定的优越性。区田法的另一特点不同于一般田地的广种薄收，它是将一切人力、物力都用于所挖区内，浇水施肥，中耕除草都限于区内，是在小范围内提高作物产量的一种方法和尝试。

关于区田的产量，《氾胜之书》记载说可分3种情况。上田"亩收百斛"，中田"收粟五十一"石，下田"收二十八"石。据现代学者万国鼎先生的推算，"亩收百斛"，折合现代为每市亩（667平方米）产粟1949千克，这个产量显然太高，有些失真。但它说明区田法确实大幅度地提高了单位面积产量。从汉代以后，政府曾多次命令推行区田法，但是，实际效果却不好。东汉至元或者没有坚持到底，或者老百姓不愿接受。明清两代却试种较多，从山东到甘肃，从河北到江苏广大的地区内及干旱地区和水乡泽国都有区田法试种。试种品种有旱地的粟、豆，也有水田的稻谷。试种面积都比较小，先后有20多处。田间布置与技术措施与汉代有不同，但是，主要方法并无大的改变，只是产量始终也没达到"亩收百斛"。

我们的祖先，在西汉代田法与区田法的基础上，又创造了许多向山丘河流湖泊要田的方法。如引浊放淤造田的淤田，是利用黄河、汾河、滹沱河的淤泥造田；在低洼多水的地区筑圩造田，称为圩田；在湖畔、河滩筑堤耕种，称为围田；垦山为田，拾阶而上，称为梯田。梯田发展最大，后来遍及广东、福建、浙江、江西、四川等省。这多种的造田方法，也说明了我们祖先的聪明才智。

巧夺天工的农业器具

我国最初的农业工具是耒耜。河姆渡遗址上，就发现了骨耜，而且数量很多。最初的耒耜是木制的，木耒是竖起的杆，在下端加上耒吕冠，就成了复合的翻土工具——耒耜，耒耜的用法是手持木柄，脚踏柄下的横木，压耜入土，然后扳压耜柄，利用杠杆的力量把土翻起。

汉代武梁祠石刻（今山东省嘉祥县武翟山）有"神农执耒图"，长沙、西汉墓出土了"执耒木俑"，河南省宝灵县出土了"执耒陶俑"。他们手持的都是双齿木耒，双齿比单齿要更容易入土，更省力。出土文物还证明，耒耜逐渐由木质、骨质，发展为铜质和铁质，尖锐锋利的程度越来越高，使用功效越来越大。

战国时代，我国出现了牛耕和铁犁。汉代耕犁有了广泛的发展，新中国成立后出土的汉代铁犁，就有100多件。其中有铁口犁铧、尖锋双翼犁铧、舌状梯形犁铧等。从山西省平陆等地汉墓出土的几幅耕犁图，铁制的犁铧已有犁壁装置。汉代的犁，还有犁辕、犁梢、犁底、犁箭、犁横等部件组成。犁箭可调节深浅，犁壁是汉代的最重要发明。

没有犁壁的耕犁，达不到碎土、松土、起垄的目的，还必须靠铲锄类等工具帮助做垄、碎土等。犁壁不仅能翻土、碎土，而且它向一侧翻土垡，把草根、树叶埋在地下烂为肥料，又有杀死害虫的作用。欧洲的耕犁，直到11世纪才装了犁壁，比我国汉代的犁壁晚了近1000年。

唐代陆龟蒙所著《耒耜经》，记述了唐代的耕犁。洛阳大学杨荣垓教授认为这是一种曲辕犁。它由11个部件组成：①犁镵：功用是破土；②犁壁：翻转犁镵犁起的土垡；犁镵、犁壁皆为铁制，其他部件为木制；③犁底：为犁镵之导向装置，并成为整个犁架的基座，使犁能水平施力起土；④压镵：固定犁壁，并紧压犁镵于犁底；⑤策额：固定犁镵。唐以前的犁，没有压镵与策额，那时犁壁直接安装在箭柱上，为了增强犁壁的作用，增加了这两个部件；⑥犁辕：唐犁是曲辕，既降低了耕犁的受力点，又保持犁辕、犁箭相交处距底的适当高度，这样就可以改变受力方向，达到省力的目的；⑦犁箭：作用是纵贯犁辕、策额、犁底，可以改变犁辕与犁底之间的夹角，达到调节耕地深浅的目的；⑧犁评：是套在犁箭上端。与犁辕相交处，可分级调节耕地的深浅程度；⑨犁建：是横穿犁箭上的栓钉，为避免脱出，做成中间低两头高的形状，作用是控制犁评、犁辕，使它们不致从犁箭上脱出。犁箭、犁评、犁建组成一个深浅调节系统；⑩犁梢：固定在犁辕、犁底上，功能是起执耕作用；⑪犁般：可以转动的犁般代替了以前固定的犁横，作用是系耕索和传递畜力于犁辕；因可转动，减轻了耕牛左右摆动时轭对牛肩部皮肉的损伤；与牛轭、耕索组成软套系统，方便了地头的转弯。唐犁的主要优点是曲辕，牲畜省力。

汉代的三脚耧，是古代的播种机。它是汉武帝时越过发明的。文献记载：三脚耧田一牛拉着，一人牵牛，一人扶犁，一天可种1顷地。由于它提高了播种效率，汉武帝下令在全国加以推广。

汉代三脚耧的复原模型，陈列在北京的中国历史博物馆。它的上部是一个方形的上大下小的漏斗，耧斗的口装着一块活动的闸板，闸板的下面是籽粒槽，粒槽与耧铧相通，3根木质中空的耧腿，3根耧腿下端是耧脚，耧脚是可以开沟的铁铧。

播种时，先将种子装入耧斗，根据种子的颗粒大小，调整好闸板，使种子的流出量适中。一人牵牛，一人扶耧，扶耧人控制耧柄的高低，来调节耧脚入土的深浅，即播种的深浅程度。耧的后边木框上，用两股绳子悬挂一根方形的粗木棍，横放在播种的垄上，随耧前进，自动把土耙平，覆盖在种子上。这样，一次就把开沟、下种和覆土3道任务都完成了。我国早在2000多年以前，就创造出了可以一次完成开沟、点种、覆土3道工序的播种机，确实是一项伟大的农业科技成就。

龙骨水车是我国古代最著名的农业灌溉机械，龙骨水车又称翻车。据《后汉书》记载它是东汉年间发明的，最初是用人力转动轮轴翻水入田。后来发展为畜力和风力带动轮轴翻水灌溉。它的基本构造是一个长木槽，以深入水中为限，宽度4—7寸不等，高1尺，槽中架设行道板一条，与槽同宽，比槽板两端各短1尺，用来安置轮轴。在行道板上下，用一套龙骨板叶片翻水，一节一节地用木销子联结起来，很像龙的骨架，所以叫龙骨水车。

在水车上端的大轮轴上，两侧各装4个木棍，作脚踏用。大轮轴前有一个木架，做踏水人的扶手。两人踏动木棍，带动大轮轴，轮轴上的木齿带动刮水的木片，木片刮水沿槽而上，流入田间。

水碓是一种古代的粮食加工机械，记载水碓的最早文献是桓谭的《桓子新论》。它大约发明于西汉末年。

水碓是由一个大水轮带动的，轮上装有2—4个叶板，轮轴长短不一，看带动碓的多少而定。轮轴上还装有彼此错开的拨板，一个碓有4个拨板，4个碓就是16个拨板，拨板的作用是拨动碓杆，每个碓用柱子架起一根木杆，杆头装一个圆锥形的石碓，下面是一个中间凹下去的石臼，放入加工的粮食。

大水轮被水流冲动，轴上的拨板就拨动碓杆的梢，使石制的碓头一起一落地舂米。水碓是利用水力，日夜加工的脱皮机械。它是人们对自然水力的巧妙利用。

磨最初叫石岂，汉代改称为磨，是面粉的加工工具。满城汉墓出土的磨，是现在发掘出土的最早实物。把两块厚为15厘米左右，直径1米左右的圆形石盘，叫磨盘。两盘相磨的石面，凿出斜纹，高低不平，以便将麦粒磨碎。下盘中间有一短轴，上盘的中间有一石眼，套入下盘轴中，绕轴转动。中间有一个磨膛，粉从磨膛转出。磨上有圆眼，以便装入麦粒。

磨，最初是由人力、畜力带动，后来又发明了以水力带动的磨。中国以水力带动的磨，大约是晋代发明的。水转的连磨，最多的有9个磨盘同时工作，效率是很高的。水碓和水磨比欧洲同类机械早了有1400多年。

我国古代的农业科学技术，内容丰富多彩，从改土造田到机械工具，从科学论文到技术专著，都蕴藏着深刻的科学道理。它具有无限的生命力，是我们取之不尽，用之不竭的宝藏与源泉。

小小银针，神力无穷
——我国古代的针灸疗法

　　用针刺止痛，不必打麻醉剂就可以做阑尾炎切除手术；一根小小的银针在耳边转动，外科大夫就切开了腹腔，摘除了疡烂的阑尾；用针刺麻醉的方法做胸腔的手术……病人不仅没有无法忍受的疼痛，而且谈笑自如。这就是针灸疗法，小小银针，真是神力无穷啊！

针灸的由来与发展

　　针灸是我国古代劳动人民在救治实践中创造的一种独特的医疗方法。针刺的前身是砭石疗法。砭石是新石器时代古人应用的一种石制医疗工具。周代以后，我们的祖先开始用金属针，做针灸治疗。几千年来，针灸疗法始终是我国中医治病的重要方法。

针灸疗法具有西医所无法比拟的优越性。首先，它治疗范围很广，内科、外科、妇科、儿科等多种疾病都可进行治疗和预防。其次，疗效迅速显著。针刺医生选准穴位，几次治疗就症状全无。第三，操作简便，可随时随地治疗。第四，费用经济，不必购买各种药物。第五，安全可靠，没有毒副作用，可与其他方法配合治疗。几千年来针灸疗法一直受到人们的欢迎，特别是广大劳动群众。

《内经》中追述古代的医疗工具，说黄帝有九针：即镵针、圆针、鍉针、锋针、铍针、圆利针、毫针、长针、大针。又说砭石从东方来，毒药从西方来，灸芮从北方来，九针从南方来。可知金属针的应用是很早的。

1968年，在河北省满城西汉中山靖王刘胜夫妇墓中，发掘出一批金属针，可推测商周的青铜器时代有医用的金属针。1973年，在湖南省长沙市马王堆汉墓中，发现了《足臂十一脉灸经》和《阴阳十一脉灸经》，记载了经脉循行路线上的各种疼痛、痉挛、麻木、肿胀等，这些症状，实用于灸法。对一些奇特症状，也可适用。

秦汉以前的针灸治病的著作案例：如扁鹊用针灸救活了昏死过去的虢国太子；华佗用针刺为曹操治头痛，针到病除，效果神奇。华佗的著作有一本《华佗枕中灸刺经》，现在中医仍在临床应用的夹脊穴即由华佗发现，所以称为华佗穴。东汉时期的四川涪水人"涪翁"，是一个民间医生。《后汉书·方术传》说他"见有疾者，时下针石，则应时而效，乃著《针经》，诊法传于世"。这些名医与案例的记载说明了秦汉时期针灸疗法的普遍与高效。至《黄帝内经》成书，已对针灸疗法进行了全面总结。

《黄帝内经》的针灸治疗

《黄帝内经》的时代，治疗多用针灸，所以，对针灸的记载和论述都很详细。可分为俞穴、刺法、针形、禁刺、针道等内容。由于医和巫刚刚分道扬镳，科学技术与神秘夸大相伴而生，鱼龙混杂，应予精心的研究鉴别。

《黄帝内经》有关俞穴的内容，按两种方法分类。一种是按作用分穴，称为气穴；另一种按经脉分穴称为气府。气穴有脏俞50穴、腑俞72穴、热俞59穴、水俞57穴及其他穴位，总计365穴。气府按经络记载，有足太阳经78穴、足少阳经62穴、足阳明经68穴、手太阳经36穴、手阳明经22穴、手少阳经32穴、督脉28穴、任脉28穴、冲脉22穴、足少阴经2穴、足厥阴经4穴、手少阴经2穴、阴阳足乔4穴等，总计也是365穴。但是，仔细核对都有些数字出入。《黄帝内经》关于俞穴的记载，与现在的针灸书有一些区别。

有关刺法的内容，按"补、泻"来记述。如逢时，以气来为泻，气去为补；迎随，以迎为泻，以随为补；疾徐，从疾变徐为泻，从徐变疾为补；深浅，深刺为泻，浅刺为补；针孔，大开为泻，按闭为补；留针，不留为泻，留针为补等。从用力、转针、节奏方面也有记述，有所谓巨刺、谬刺，有所谓六刺、九刺，又有五节、十二节等，对一年四季的刺法，也有不同。

有关禁刺的内容，也都举例论述。房事过后应禁刺，过饱、醉酒之后也不应该进行针刺治疗，过劳过饥时，进行针刺的疗效也不好。大热大汗时应禁止进针，病与脉相逆时也不要针刺治疗，大失血后更在禁针之列。还有一些禁针的月份与时日，显然是属于封建迷信的内容。

皇甫谧与《针灸甲乙经》

针灸医术发展到晋代太康年间（280—289），出了一本有名的针灸学专著——《针灸甲乙经》。该书的作者叫皇甫谧，是一个无心于仕途，专心于医著的、品德高尚的人。

皇甫谧因甘露年间（256—259）患麻痹症兼耳聋，久治不愈，叹诸医之浅陋，12年后，又因服石罹难，更患庸之害人，遂矢志于医，著述《针灸甲乙经》《寒石散论》

等书。由于他专心向学，还有文史类的著作《帝王世纪》《商士传》《逸士传》《列女传》《玄晏春秋》等。

《针灸甲乙经》是我国现存最早的针灸学术专著，取材于《素问》《灵枢》和《明堂孔穴针灸治要》三书，这些充实了皇甫谧的见解。《素问》等三书是晋代以前医学基础理论和针灸治疗方面的总结性医学专著。皇甫谧为使针灸治疗更加系统化与切合实用，"乃撰集三部，使事类相从，删其浮辞，除其重复，论其精要，至为十二卷。"

《针灸甲乙经》编成以后，就成为了针灸书的圭臬。晋以后的针灸类医书，无不遵奉其旨。唐代《千金方》《外台秘要》的针灸部分，多取材于该书。《资生经》等针灸专著更是参证此书而写，宋代王惟一的《铜人俞穴针灸图经》，其穴位与适应证基本上没超《针灸甲乙经》的范围。明清两代的《针灸聚英》《针灸大成》《针灸集成》等等，也皆由此书发展而成。就是现在，在厘定穴位和进行临床治疗时，也常常参考此书。

《针灸甲乙经》在俞穴方面的贡献，值得珍视。它不仅厘定了以前的穴位，而且对穴位的排列采用了分部依线的方法，并从临床实践上系统地总结了晋以前针灸疗法的治疗经验，可谓集俞穴主治之大成。

《针灸甲乙经》编成以后，立即成为与《黄帝内经》

并驾齐驱的医学必读之书。《千金方》大医习业篇说：
"凡欲为大医，必须谙《素问》、《甲乙》、《黄帝针经》等诸部经方。"唐代太医院规定《针灸甲乙经》是学生学习与医生考试的必读书。《新唐书·百官志》说："医博士一人，正八品上，助教一人，从九品上，掌教授诸生，以《本草纲目》、《针灸甲乙经》、《脉经》分而为业。"针灸医生更将此书视为经典，遵循甚谨。《外台秘要》的《明堂序》中说："《明堂》、《针灸甲乙经》，是医人之秘宝，后之学者，宜遵用之，不可苟从异说，致乖正理。"

《针灸甲乙经》12卷，128篇。其内容大体上可分为两类：1—6卷为中医学的基础理论与针灸的基本知识。7—12卷为临床治疗部分，包括各种疾病的病因，病机、病状和俞穴主治等。卷一，主要论述人的生理功能，如五脏六腑、精神魂魄、精气津液等功能和作用，脏腑与肢体的关系等。卷二，主要论述十二经脉、奇经八脉、十二经标本、经脉根结等循行路线和发病情况等。卷三，厘定单穴49个，双穴299个，总计348个俞穴。采用分部依线的方法，划分为头、面、项、胸、腹、四肢等35条线路，叙述了各穴的部位、针刺深度与所灸针数。卷四，论述了望、闻、问、切四诊的具体内容，重点阐释了四时平脉与脏腑

病脉、死脉以及三部九候的诊断方法。卷五，论述了九针的长度、形状、作用等，针刺的手法和泻补的方法，针灸的禁穴与禁忌等。卷六，是以阴阳五行学说为核心，论述了生理与病理等具体问题。从卷七至卷十二，为临床治疗内容，包括内、外、妇、儿各科，以内科为重点。在治疗方面，书中介绍了晋以前针灸治疗各科疾病丰富而宝贵的经验，全书共列俞穴主治800多条，为后世针灸治疗打下了良好的基础，确是一份宝贵的遗产。

毛泽东说："中国医药学是一个伟大的宝库，应当努力发掘，加以提高。"我们应该努力学习和研究此书，继承这份珍贵的遗产。

南北朝与隋唐时期，针灸学著作不仅数量上有了很大增加，而且内容也更加丰富多彩。除文字阐述外，还绘制了很多针灸彩色挂图、针灸图谱等。如唐代医学孙思邈、王焘等的著作中都有针灸的专门论述。孙思邈还绘制了3幅大型彩色针灸挂图，把人体的正面、背面、侧面的十二经脉用五色绘出，把奇经八脉用绿色绘出。王焘也绘制了12幅彩色针灸图，以不同的颜色绘制十二经络与奇经八脉图。针灸疗法被正式列入医学教育，《针灸甲乙经》等被正式列为课本。

针灸治疗的创新与传播

针灸治疗的理论基础是经络学说。针灸治病是由于针刺和灸热刺激了在经络上的俞穴，经络将针刺与灸热传导给身体内脏与各部肢体，从而可以增强人体的功能与排除病痛。

在长沙马王堆出土的古代医书中，就记载了"齿脉"、"耳脉"与"肩脉"等脉名。就是针灸这些经脉，可以传导到牙齿、耳朵、肩胛等处。《黄帝内经》则出现了20经络的循环系统，而且每一经络都与五脏六腑和四肢各部相连，奠定了经络学说的理论基础。《针灸甲乙经》集古代医学之大成，厘定了654个俞穴，将全身的经络又细分为直行的主干称为经脉，旁行的支脉称为络脉，细小的分支称为孙脉等等，历代医家在医疗实践中又发展了新俞穴，不断有所前进。

正是在经络学说的理论基础上，宋代出现了王惟一的《铜人俞穴针灸图》，并以此书研制了两具布满十二经络，可以注水于经络的铜人，供教授俞穴和针刺实验用。铜人表面涂蜡，针刺正确，水随针出，针刺失误，则不能入。明代杨继州的《针灸大成》也对针灸治疗做出了新发展。明代太医院监制的正统年间（1436—1449）的铜人，就被八国联军于1900年抢走，现存俄罗斯圣彼得堡博物馆。

针灸的工具与方法也有了改进与创新。针刺方法出现了火针、温针、梅花针等，灸疗方法出现了药饼灸法，灯火火焦法，艾卷的雷失针、太乙针等。

新中国成立后，针灸疗法在中西医结合中发挥了更大的作用。在传统疗法的基础上，出现了许多创新。如电针疗法、埋耳针的方法、穴位注射、头针疗法、穴位结扎、磁穴治疗、艾灸火罐等等。

特别是针刺麻醉的成功，为麻醉学开辟了新途径。针刺麻醉是进行医疗手术时，充分利用针刺麻醉的作用，而不使用麻醉药物。这种方法避免了麻醉剂的不良反应，简便易行，有利于手术后的健康恢复，深受国内外医学界的欢迎，现已得到了广泛的使用。

秦汉时期，针灸疗法随着中日、中朝的文化交流而传往国外，并受到各国人民的欢迎。确有文献依据的是梁天监十二年（513），中国医生杨尔去日本讲授医学。梁大宝元年（550），苏州人知聪携带大批医书和针灸图去日本。梁武陵王天正元年（552）梁文帝赠送《针经》一部给日本政府。这段时间，日本人也不断来中国学医，钻研针灸医术。唐武则天大足元年（701），日本法令《大宝律令》中明确规定《黄帝明堂经》《针灸甲乙经》等作为针灸医学的必读书。日本平安时代（唐德宗至宋孝宗时期）规定日本的学生除学习《大宝律令》规定的《内经》《针灸甲乙经》《针经》以外，又增加了《大同类聚方》《脉经》《黄帝针经》等有关针灸的内容。日本政府又制定出措施，促进针灸医术的学习，使针灸疗法在日本取得了很大发展，出现了不少著名的针灸家、针灸医著。

在朝鲜半岛的新罗、百济、高丽等国都根据唐代的科举制度，规定了朝鲜学校的医学内容。公元1136年，高丽政府正式规定以《针经》《黄帝明堂经》《针灸甲乙经》等作为医学学习的必读课本。

宋元以后，航海事业得到了广泛的发展，针灸疗法与针灸医著传到了非洲、欧洲各国。英、法、德、荷兰、奥地利都较早地研究了针灸的临床应用。《针灸甲乙经》早就有了英译本，现法国针灸界正组织力量加以翻译。世界针灸学会的会员国遍布世界五大洲。我国派往亚洲、非洲各国的医疗队，不断有关于针灸的喜讯传来，小小的银针，正在发挥它的神力，为各国人民治疗各种疑难病症。亚非各国的当地医生，正在努力学习针灸疗法与中国古代针灸医书，它将在被援助的亚非各国生根，开花，放出更加夺目的光彩。

我国现存第一部中医理论著作
——《黄帝内经》的医学成就

　　《黄帝内经》简称《内经》，是我国现存的最早的中医学理论著作。包括《素问》与《灵枢》两部分，各9卷，162篇，约14万字。它不是成于一人之手，而是战国至秦汉医家集体智慧的结晶。

　　《素问》内容偏重中医人体生理病理学、药物治疗学基本理论。论述了人体发育规律，人与自然的相应关系，养生原则和方法，疾病的预防与早期治疗思想，阴阳五行学说，脏腑学说，疾病的治疗原则与方法：包括针、砭、灸、按摩、汤剂、药酒、温熨，望、闻、问、切的四诊原则等。《灵枢》论述了针灸理论、经络学说和人体解剖。具体谈了九针形质、用法、禁忌、人体经络循行、穴位、情志与疾病，人体体表与内脏针灸与体质类型的关系等。

《内经》对祖国医学的医理、治法、方剂、药物的基本理论，原则上都涉及了。几千年来的中医药学就是在《内经》的基础上，发展和丰富起来的。《内经》一书的历史作用，已引起世界各国医学界的重视，部分内容已被译成日、英、德、法等国文字，为世界医学作出了贡献。

脏腑经络学说

《内经》通过脏腑经络对人体进行了全面的阐述。《内经》认为人体的主要器官是五脏六腑。对五脏六腑的位置、功用，进行了详细而具体的说明。

五脏指肝、心、脾、肺、肾。《内经》认为五脏是人体最重要的器官，因为它们是生命赖以生存的物质——精、气、神、备的贮藏之所，是生命的根本。《灵枢·本脏篇》说："五脏者，所以藏精神、血气、魂魄者也。"《灵枢·本神篇》说："五脏主藏精者也，不可伤，伤则失守而阴虚，阴虚则无气，无气则死矣。"

心的主要功能是"藏神"和"主血脉"。《灵枢·邪客篇》说："心者，五脏六腑之大主也，精神之所舍也。"《六节脏象论》说："心者，生之本，神之变也。"《素问·痿论》说："心，主身之血脉"；《五脏生成篇》说："心之合脉也"，"诸血者，皆属于心"。

肺的主要功能是"主气"，它是气血循环的起点。《素问·五脏生成篇》说："诸气绵属于肺"。《经脉别论》说："经气归于肺，肺朝百脉"。这说明《内经》对肺的呼吸作用及其与血液循环的关系已有初步认识。

肝的主要功能是"藏血"，"主怒"、"生目"。《内经》认为肝为血库，人的精神受到抑制，肝气就要淤滞而发怒，眼睛的疾病也多与肝有关系，脾的主要功能是转化谷水使之成为气血津液。《素问·灵兰秘典》说："脾胃者，仓廪之官，五味出焉"。《六节脏象论》说："脾胃、大肠、小肠……能化糟粕，转味而出入者也。"临床中医学认为积水、积痰、水肿、腹泻等与脾有关。

肾的主要功能是"藏精"与"主水"。《内经》认为精是身之本，又与生育有关，所以，认为肾也是最重要的器官。"主水"与积水、利尿等疾病有关。说明《内经》对肾与泌尿疾病已有模糊的认识。

六腑是指胃、小肠、大肠、膀胱、胆和三焦。六腑的功能主要是消化水谷，《内经》认为水谷经胃消化后，津液与糟粕进入小肠，小肠有"分清浊"的作用，把津液分出来，通过三焦中的下焦送入膀胱，剩下的糟粕送入大肠，由大肠排出体外。进入膀胱的津液经过"气化"，输往全身，剩下的尿液排出体外。

《内经》认为胆是"中正之官，决断出焉"，认为人的勇怯与胆有关这是不正确的。

《内经》将三焦解释为通道，即上焦是卫气由胃到胸中的通道；中焦是营气由胃到肺脉的经路；下焦是津液由小肠至膀胱的经路。这种想象出来的器官是不科学的。

《内经》的经络学说，像脏腑学说一样重要，是疾病诊断与治疗的基础，对针灸治疗则有特殊重要的意义。经络就是血脉，主支为经脉，分支为络脉。合起来称为经络。《内经》认为它不仅是血液循环的通道，而且是联系体内外各脏腑器官的重要的联络与传导系统。《灵枢·本脏篇》说经络的功能是"行血气而营阴阳，濡筋骨，利关节"，《经脉篇》说经络能"决死生，处百病，调虚实。"《内经》认为全身主要经脉有12对，左右对称，称为十二经。十二经又分为6对阳经，6对阴经。分布在上肢的6对称为手三阳、手三阴，分布在下肢的6对，称为足三阳、足三阴。手三阴起于肉胸，止于手指；手三阳起于手指，止于头部；足三阳起于头部，止于足趾。足三阴起于足趾，止于胸内。每对阴经连于一脏、一腑，每对阳经连于一腑、一脏。

气血在经脉内循环的顺序：手太阴肺经→手阳明大肠经→足阳明胃经→足太阴脾经→手少阴心经→手太阳小肠经→足太阳膀胱经→足少阴肾经→手厥阴心包经→手少阳三焦经→足少阳胆经→足厥阴肝经→手太阴肺经。这样，就构成了一个"如环无端"的循环系统。

通过这样二十经络的联系，使身体各部，特别是四肢与内脏之间，发生了一种特殊关系。不但内脏的病变要反映到体表的经络上来，而且对体表的经络加以针刺、火灸、按摩等，即可治疗内脏的疾病。

阴阳五行病理学说

阴阳学说最早见于《周易》，五行学说最早见于《尚书》。它们大约是殷周时期形成的朴素唯物主义哲学思想，认为：一统天下归于气，气有阴阳，分为天地，化为五行，产生万物。我国的中医学从《内经》以后，就是运用古代朴素唯物主义的阴阳五行学说，来阐述和分析人体与疾病、医药的关系，是《内经》一个重要的组成部分。

《素问·宝命全形论》说："人生有形，不离阴阳。"认为人体是一个互相依存、互相制约、互相转化的整体。如以体表和四肢为阳，内脏为阴；上半身为阳，下半身为阴；五脏为阴，六腑为阳。形体与内含物质之间也存在阴阳关系，如形为阴，气为阳；有形的精、血为阴，无形的气、神为阳。《阴阳应象大论》说："阴在内、阳之守也；阳在外，阴之使也。"一守一使之间反映了内外、脏腑之间的相互依存与相互制约的关系。

《内经》又将阴阳看成一对矛盾，即"藏而不泻"，"泻而不藏"。生理上认为"阳化气，阴成形"；病理上认为"阴胜则阳病，阳胜则阴病"；诊断上"察色按脉，先别阴阳"；治疗上"阳病治阴，阴病治阳"等等。《内经》又以五行的相生相克，概括生理活动，病理变化的相互关系。认为诊病就是分析矛盾，治病就是调整解决矛盾。这一核心思想一直指导着中医药实践达2000年之久。

《内经》认为五味不可失调，饭食过饱，饮酒过量，偏食嗜醋等都会引起疾病。五志不可过劳，如"久视伤血"，"久坐伤肉"，"久思伤神"等，也会引来病变。人有五实和五虚，《素问·玉机真藏论》认为："脉盛、皮热、腹胀、前后不通、闷瞀，此为五实；脉细，皮寒、气少、泄利前后饮食不入，此为五虚"。虚实不调就会致病。

外邪进入五脏，就在五脏间按五行相生的顺序传变。《素问·玉机真藏论》说："五脏有病，则各传其所胜。"如肺病（金）传肝（木），肝病传脾（土）等。如果不按这种顺序相传，则疾病愈后就可能不良，称为"逆传"。

必须指出，《内经》的阴阳五行学说，有其严重的局限性。阴阳学说没有完备的理论，五行学说单方向相生相克的论点，不符合物质运动的客观规律。对许多生理、病理的解释不全面、不彻底。例如，"阴平阳秘，精神乃治，阴阳离决，精气乃绝。"作为概括人的生命过程总的来说是正确的。但是，它却不能表明"平秘"到"离决"是正常发展，还是异常变化。阴阳学说也没有矛盾主要方面地位变化，导致事物性质变化的完备理论。所以，阐明不了医理、人体、疾病的必然性。

　　更严重的是阴阳五行学说还夹杂了大量封建糟粕。如"天有日月、人有两目；地有九州，人有九窍；天有风雨，人有喜怒……岁有三百六十五日，人骨有三百六十五节"以及"天圆地方，人头圆足方以应之"等等。但是，我们不能苛求于古人，这些错误与《内经》的伟大医学成就相比，依然瑕不掩瑜。

　　《内经》的医学成就，定在中国与世界医学史上永放光辉！

香飘四海，情播五洲

——我国是世界上最早饮茶的国家

有这样一个谜语："虽是草木中人，乐为大众献身。不惜赴汤蹈火，要振万民精神。"其中"虽是草木中人"说的就是"茶"字，后三句说的是沏茶和茶的提神作用。

中国近代史上的民族英雄林则徐有一副对联：

粗衣淡饭好些茶，这个福老夫享了；

齐家治国平天下，此等事儿曹任之。

茶已经走进了我国的谜语，走进了我国的对联与家教。可见茶与我国人民的关系是何等密切。正是我们的先人发现茶，饮用茶，研究茶的功能，宣传茶的作用，并将它推向了全世界。

我国是世界上最早饮茶的国家

我国已有2000多年种茶与饮茶的历史了。早在公元前1世纪王褒的《僮约》中，就有"武都买茶，杨氏担荷"，"烹茶尽具，酉甫盖藏"的记载。古人又称茶为荼，还有茗等别名。这是我国饮茶和买卖茶叶的早期记载，也是茶叶起源泉于四川的文献依据。

对于茶的功能，记载较早的应为《神农本草经》，说神农氏尝百草，日遇七十二毒，"得茶易解之"；"能令人少眠，有力，悦志"。三国时期的华佗在《食论》中说：茶久饮，可以益思。唐《新修本草》中说：茶主治瘘疮，利小便，去痰，热渴，令人少睡……消宿食。明代顾云庆在《茶谱》中说："人饮真茶能止渴，消食；除痰，少眠，利尿道，明目益思，除烦去腻。人固不可一日无茶。"李时珍在《本草纲目》中说："茶苦而寒……最能降火，火为百病，火降则上清矣。""温饮则火因寒气而下降，热饮则茶借火气而升散。"

现代医学分析研究表明，饮菜确有清热降火，消食生津，利尿除病，提神醒脑，消除疲劳，恢复体力的功效。实践也确实证明：疲劳困倦之后，饮浓茶一杯，确有神消气爽之感。

为茶的成分化验说明，因为茶中含有咖啡因，具有刺激神经，亢进肌肉收缩力，促进肌肉活动的效能，并能促进新陈代谢。炎热酷暑，饮一杯热茶，反觉凉爽，珍馐佳肴食后，饮一杯浓茶，顿消腻甘厌肥之感。这是因为茶中含有芳香油，可溶解脂肪。茶汁有中和由偏食脂肪或蛋白而引起的酸性中毒作用。所以，以肉、奶为主食的西藏、内蒙古等少数民族都爱茶如命，苦嗜饮茶。他们说：宁可三日无粮，不可一日无茶。

茶叶中还含有多种维生素、氨基酸、矿物质等，维生素C能抗坏血病；茶中的茶鞣质能凝固蛋白质，而且具有杀菌和抑制大肠杆菌、链球菌、肺炎菌活动的作用。因而能治疗细菌性痢疾，对伤寒、霍乱也有一定疗效。国外对茶叶的研究认为，饮茶对治疗慢性肾炎、肝炎和原子辐射都有一定效果。所以，饮茶之风吹遍了全世界，特别在欧、美的上层社会和知识阶层中，在茶可可、咖啡三大饮料中，茶最受青睐。

茶神——陆羽

唐代陆羽（733—805）因著述《茶经》和对茶叶的巨大贡献，被后人举为茶神，被朋友们称为茶仙。至今东南沿海与日本，还有一些经营茶叶的茶庄供奉他的画像，求他保佑生财。那么，陆羽到底是怎样一个人呢？

陆羽是复州竟陵（今湖北省天门县）人，字鸿渐，名疾，自称桑苎翁。幼时被收养他的智积禅师寄养于寺西村李儒公家。李儒公是儒家的饱学之士，弃官归家，以教书为业。这与后来陆羽酷爱诗文，终持儒业是不无关系的。陆羽与李儒公的女儿季兰，可谓青梅竹马，两小无猜。陆羽9岁时，李公举家迁回故乡湖州。陆羽被智积禅师领回寺院，想让他念佛经做和尚。陆羽拒不皈依佛家，使智积禅师十分气恨。于是，就重重地惩罚他，"扫寺地，洁僧厕，践泥圬墙，负瓦施屋，"又让他淘粪除虫，放牛割草。他在受罚劳动时，仍不忘读书。由于受不住智积禅师的虐待，约在十一二岁时，他逃离龙盖寺（现为西塔寺），投身杂耍戏班，最初服劳役，后来演丑角，为伶正，十三四岁时，已经是很受欢迎的角色了。记述曲艺，作成《谑谈》3篇。这些痛苦的磨难，对后来陆羽深入民间考察茶叶，写成《茶经》是大有裨益的。

天宝十四年（755年），安禄山攻陷长安，玄宗避乱四川。陆羽南逃避祸，从中原迁到浙西。由于思念李儒公抚育之恩和童年的友伴季兰，辗转到达湖州。但李儒公已经辞世，季兰也落发为尼，遁入佛门。两人在乌程开元寺相见，感慨万千一片凄凉，苦酒一杯，相对垂泪。

天宝十五年（756），24岁的陆羽到湖州西南郊的杼山妙喜寺拜访了慕名已久的僧人皎然。皎然是法名，俗姓谢，名清昼，是大文学家谢灵运的十世孙。皎然是妙喜寺的主持，他见陆羽谈吐高雅，精通文史，爱好诗词，酷嗜茶叶，两人情投意合遂成忘年之交。他们的友谊，对陆羽的后半生与写成《茶经》都有重大影响。两人常常吟诗品茗，与茶菊为伴。九月重阳节，皎然有《九月陆处士羽饮茶》一诗，记录了他们的友谊：

九日山僧院，东篱菊也黄。

俗人多泛酒，谁解助茶香？

唐代大历四年（769），皎然在苕溪建立了苕溪草堂，移居于此，并邀陆羽来同住。由于陆羽正奔走各地，考察茶区，他没有找到。大历七年（772），他从把陆羽接回。陆羽在苕溪草堂撰写《茶经》。同时完成的著作还有《君臣契》3卷、《源解》30卷、《江表四姓谱》《南人物志》《吴兴历宜记》10卷、《潮州刺史记》3卷、《占梦》3卷等等。

陆羽与颜真卿的相识，对陆羽的一生与《茶经》的撰写也起了很大作用。大历八年（773），颜真卿被贬为湖州刺史，通过张志和的介绍与陆羽、皎然，结为诗友、茶友。由于陆羽的积极努力，使颜真卿中断了10年的《韵海镜源》编撰完成，献给朝廷。为了感谢陆羽，颜真卿为他修建了"三癸亭"，又与皎然一起为他建造了"青塘别业"草堂。颜真卿迁升吏部尚书时，推荐陆羽任官。皇帝曾下诏任命陆羽为太子老师，徒太子太傅，陆羽皆未就职。但颜真卿的友谊和推荐，提高了陆羽的声望，对他游历考察和撰写茶经等著作是大有帮助的。

唐德宗建中元年（780），陆羽将《茶经》一书付梓刊印，他应戴叔伦之邀，离开湖州赴湖南幕府任幕后。他随戴叔伦奔波了3年，调入江西，先信州，再洪州，后抚州，始终动荡不安。他不习惯于官府生活，又去上饶城北广教寺（今茶山寺）劈山种茶，凿石引水。可见，他对茶之酷爱是终生不渝的。

《茶经》的内容与科学性

陆羽是由《茶经》一书而名望越来越高的。《茶经》3卷，7 000余字，共分10目："一之源泉"、"二之具"、"三之造"、"四之器"、"五之煮"、"六之饮"、"七之事"、"八之出"、"九之略"、"十之图"。

"一之源"记茶业的生产与特性："二之具"记载了承、檐、紫等12种制茶、煮茶的用具；"三之器"记载了风炉、交床、热盂等24种煮茶、饮茶的用器。为我们留下了唐以前，关于采茶、制茶、煮茶、饮茶的器具与设备的宝贵资料。对"十二具"和"二十器"的形体、用料、用途都做了具体的说明。这些器具的讲究对中国，乃至日本的茶器都影响很大。任近代驻外使节的黄遵宪，写过《游日本余记》的傅云龙，都描绘过《茶经》中器具对日本的影响。

《茶经》记述了采茶、制茶的方法。唐代制茶经过7个步骤：第一是采茶，在2—4月之间，采春叶、夏叶，要采"阳崖阴林"中的，不要采阴山陂谷中的。茶叶按形色可分出等级，紫色者为上，绿色者次之；卷叶者为上，叶已开者次之。采茶要选择天气，"日有雨，不采，晴有云，不采，晴采"。第二是将采回来的茶叶蒸熟；第三是将蒸熟了的茶叶捣烂；第四是加上米膏，制成茶饼；第五是将湿热的茶饼烤干；第六是将茶饼用细蓖片穿起来；第七是将茶饼封存好，放置干燥处。这与现代的炒茶法是不同的。《茶经》记述了煮茶，饮茶之法。煮之前，应先将茶饼烤熟，要反复烤，做到内外皆熟。烤熟的茶，要等冷却，研成碎末再煮。煮茶用的燃料，最好是炭，其他是硬木材，不宜用腥臊的湿材。煮茶的水，以山水为上，江水次之，下者为井水。山水应选石泉涌出的，江水要用离岸远的，井水要用常汲之井。煮茶要看火候，《茶经》称作"豆花"，要煮水经过三沸，茶的精华具体表现为

"沫"、"酵"和"花"。"华薄者曰沫，厚者曰酵，细轻者曰花。"煮茶时，应让沫、酵、花充分表现出来。饮茶时，将煮好的茶酌入各碗中，要注意让沫、酵、花均匀分配。后人称此为"侔色"。《茶经》认为应趁热饮茶，不应冷了再喝。这些古代的茶艺与实践经验有待进一步研究。《茶经》还记述了唐代茶的品种。开宗明义就说："茶者，南方之嘉木也。"又说到一尺、二尺的矮茶和二人合抱的巨树，现在的南方随处可见一二尺的茶树丛簇，也可从云南的西双版纳找到二人合抱的茶树王，证明陆羽的记载是可信的。

《茶经》说的茶叶制品，除茶饼外，还有粗茶、散茶与茶末3种。《茶经》还品评了南方32州郡出产茶叶的等级。以《新唐书·地理志》叙述的以茶作贡品的17个州来衡量，说明《茶经》的品评是精慎的。《茶经》首次研究了中国饮茶的历史。在此之前，虽然医药、饮食之书，诗赋、方志之籍，偶尔提及茶的功用、形色产地等，但谁也不曾将茶叶的起源、发展、兴盛作为历史来研究。陆羽是做此探讨的第一人，他收集46种古籍的记载，勾勒出了中国的饮茶发展史。

对《茶经》在唐末就有了很高的评价，诗人皮日休说："自周以降，及于国朝，茶事，竟陵子陆季疵言之详矣。""季疵之始，为经三卷。由是分其源泉，制其具，教其造，设其器，命其煮。俾饮之者，除瘠而去疠，虽疾医之不若也。其为利也，于人其小哉。"

《茶经》的传播，促成了唐代以后崇尚饮茶的风气。李肇的《唐国史补》说："陆羽始创煎茶之法"，新《唐书·陆羽传》说："于是茶道大行，王公朝士无不饮者"，"其后尚茶成风，天下益知饮花矣。"使人们将茶事作为一项艺术来学习和研究。

《茶经》的传播，使人们对采茶、制茶、煮茶、品茶、茶的功效、产地、历史等都做了系统的研究，开始产生了一门新的学问——茶学。文人才士纷纷效仿陆羽，进一步著书立说，出现了唐代张又新的《煎茶水记》裴汶的《茶述》、温庭筠的《采茶录》。五代至宋又出现了毛文锡的《茶谱》、丁谓的《茶图》、蔡襄的《茶录》、宋徽宗的《大观茶论》等。《茶经》是中国茶学创始的标志，它是我国茶学史上乃至是世界茶学史上的第一座丰碑。

香飘四海　情播五洲

中国的茶叶，首先传入一衣带水的邻国日本。从奈良时代到平安时代，唐代的茶文化，不断被日本的遣唐使们所带回。在《日本后记》一书中，有弘仁六年（815）僧人永忠向嵯峨天皇献茶的记载。这是日本正史中，有关茶的最早史料。当时为中国文化所倾倒的日本知识界盛行过饮茶。

荣西是将中国茶引入日本的关键人物。公元1163年与公元1187年，荣西两次来中国，与佛教禅宗一起，他也带回了中国的茶文化。他特别注重茶的养生效果，撰写了《吃茶养生记》。荣西带回的茶，成了京都高山寺明惠上人的爱好，他因此开了茶园，后来又推广到宇治。随着茶园的发展，饮茶之风传到禅宗寺院和武士阶层，镰仓后期已经普及到百姓之家了。茶叶在日本很快就由药用发展为饮料，又进一步发展成了全民性的茶文化。

日本现代的茶道由数十个流派组成，其中最大的流派是以千家利休为祖先的不审庵（表千家流）、今日庵（里千家流）、官休庵（武者小路千家流）的3 000家，还有数内流、远州流、大日本茶道学会等。

朝鲜改革略晚于日本，《三国史记·新罗本论》："兴德王三年（828）入唐回使大廉带回了茶种，种植于地理山上。为朝鲜种茶之始。"

中国的茶叶引起欧洲人的注意是16世纪，1545年意大利人赖麦锡在《航海记集成》中写道："在中国，所到之处都在饮茶。空腹时喝上一两杯这样的茶水，能治疗热病、头痛、胃病、横腹关节痛。茶还是治疗痛风的良药。

吃得过饱，喝一点这种茶水，马上就会消积化食。"

1560年，访问中国的葡萄牙传教士达·库尔斯说："在中国，高贵人家有客来访时，都饮用茶这种饮料。茶呈红色，有苦味，是一种作为药物的饮料。"

中国茶叶传往世界各国，也可以从语音上找到证明。现在世界各国表现茶的词语，可分为中国广东话与福建话两个谱系。属于广东话谱系的有日本语、葡萄牙语、印度语、波斯语、阿拉伯语、俄语速、土耳其语等；属于福建话谱系的有荷兰语、德语、英语、法语等。日本学者桥本实认为茶的传播路线有两条：一条是经蒙古、西伯利亚到俄国、波兰；另一条是从西藏、孟加拉、印度、中东、土耳其到希腊。是否正确还有待进一步研究。

中国学者认为中国茶叶是经荷兰传入欧洲的。中国近代外交官薛福成在《出使英德意比日记》中记载："中国茶传到欧洲，始于明万历四十年（1612），荷兰之东印度公司携带少许，以供玩好。国朝顺治八年（1651），荷兰始载茶至欧洲发售。越十年，茶市益行，英京始立茶税之律。当时甚为顾问贵，馈送王公不过一二磅而已。"

俄国人用茶，略晚于荷兰。万历四十四年（1616），哥萨克什长彼得罗夫在卡尔梅克（卫拉特蒙古地区）初尝茶味。崇祯十三年（1640），俄使瓦西里·斯达尔克夫从卡尔梅克返国，带回茶叶200袋（约240千克），奉献沙惶，是为华茶入俄之始（见巴德利《俄国、蒙古、中国》卷2）。

中国茶叶传入荷、英、美等国，是经海路，交货地点是广州，中国茶传入俄国是经陆路，交货地点是恰克图。

美国人饮茶是从英国传入的。英国东印度公司的商船将中国茶叶从广州运往英国，又从英国运往美国。

英国人于1637年驾帆船4艘抵达广州珠江口，运华茶112磅回英国，拉开了中英间直接茶贸易的序幕。

公元1660年，英王查理二世复辟，他的妻子葡萄牙公主凯瑟琳将饮茶习惯带到英国宫廷。于是，饮用中国茶开始在英国上层社会传播。18世纪中叶，饮茶之风普及到民众之家。萨弥尔·约翰逊对自己视茶如命的描述最说明问题，他说："二十年来，只靠着这种神奇的植物去总目淡油腻。茶壶很少有凉的时候，傍晚以茶为娱乐，夜间把茶当慰藉，还用饮茶来迎接黎明。"（见《中美关系史论文集》二）恩格斯也说过，到18世纪中期，饮用中国茶已变成伦敦街头劳动人民的习惯了。

后来英国人将饮茶的习惯带入北美。1690年波士顿开设了北美大陆第一个出售中国茶叶的市场。18世纪20年代北美正式进口茶叶，18世纪中期，饮茶的习惯普及了北美的各个阶层。19世纪30年代之前，北美大陆饮用的茶叶，全部都是从广州出口的中国茶。30年代之后，才有锡兰和印度茶进口。

我国不仅输出茶叶，还向很多国家提供过茶树和茶籽。公元9世纪初，茶树传入日本。17世纪茶籽传入爪哇，18世纪茶籽传入印度，19世纪茶树先后传入俄国和斯里兰卡。爪哇于1833年，印度于1834年，分别从中国租用茶工与制茶工具，在中国工人指导下种茶与制茶。

19世纪以前，我国茶叶在世界市场上还是独一无二的畅销品。输出量最大的是1886年268万担（折合134 000吨），值银5 220万两。占当时国家出口总值的50%以上，是出口量第一的商品。

现在，我国的茶叶，依然行销五大洲近百个国家与地区。为增进各国人民的友谊，又帮助马里、几内亚、摩洛哥、阿富汗等国引种了中国茶树。现在，友谊之树已经开花结果。马里的西卡索郊区试种我国茶树采制的第一批茶叶，品质优良。这种茶已在巴黎农业博览会上，荣获一等奖。真是茶香飘四海，友情播五洲啊！

金顶飞檐，雕梁画栋

——漫话唐代皇室建筑

楚塞金陵列，巴山玉垒空。

万方无一事，端拱大明宫。

这是唐代诗人写长安城皇宫的一首诗，楚地要塞，重镇金陵，都已被征服，一片平静。巴山玉垒也不再拥兵自重，割据称雄。全国各地，四面八方的少数民族也都安宁无事，都向着长安城的皇宫朝拜。它歌颂了统一的强大的唐帝国，歌颂了作为全国政治、经济文化中心的首都——长安城。

雄伟巍峨的"三内"

长安这座著名的古都，是取长治久安之意而命名。长安城北有渭水，东临灞湾二水，南部冈原起伏，经隋、唐两代建设，已是一座雄伟壮观、繁荣发达的城市。全城东西长9 721米，南北宽8 651.7米，城墙厚12米，每面3门，每门3道，正南的明德门5道，城墙上有高大的城楼。

全城沿南北轴线，将宫城与皇城置于重要位置，并以纵横交错的棋盘道路分为108个里坊，分区明确，街道整齐。长安城最雄伟的建筑还是皇城与"三内"。即西内太极宫、南内兴庆宫、东内大明宫。皇城东西长2 820.3米，南北宽1 843.6米，南北各3门，东西各2门。主要建筑有太庙、太社、六省、九寺、一台、四监、十八卫等官衙。

西内太极宫是皇帝听政、议政与居住之所。以宫城正门承天门为大朝之所，太极、两仪殿为日朝与常朝之所，大吉殿、百福殿分列两侧，左右对称。太极宫东部是太子所居——东宫。西部是嫔妃所居——掖庭宫。

南内兴庆宫，是玄宗皇帝李隆基当年的藩邸，所在的兴庆坊扩建而成，筑有龙池、沉香亭等楼台殿宇，金碧辉煌，极其奢靡。

"三内"就其富丽堂皇，气势宏伟来说，应首推大明宫。大明宫是贞观八年（643）唐太宗李世民为父亲李渊在长安城东北苑内龙首原高地上建造的夏宫，供避暑之用。工程费时较多，李世民退位尚未建完，李治龙朔三年（663）才建成全部殿宇。

大明宫建成之后，皇帝的常朝、议政活动批改奏章之所，都由太极宫移入大明宫。太极宫改为皇室的备用宫殿，政治中枢设在了大明宫。称后有21年皇帝在大明宫主持朝政。由于大明宫是唐代的政治中枢，所以，本文开始的那首诗才说："万方无一事，端拱大明宫。"

宫城的平面为不规则的长方形。全宫自南端的丹凤门起，北达宫内太液池蓬莱山，为长数里的中轴线，沿轴线有南北纵列的大朝的含元殿、日朝之所的宣政殿、常朝之所的紫宸殿。除这3组宫殿外，又在其左右两侧建造对称的许多楼台殿阁。后部诸殿是皇帝后妃的居住与游宴之所。北部开凿了碧波荡漾的太液池，池中建了蓬莱山，池周是回廊与各式各样的亭台、水榭，是中国古典风格的园林建筑。

含元殿是大明宫的正殿，建在龙道山上。殿宽11间，殿前有75米的龙尾道。左右两侧稍前处左有翔鹰阁，右有龙凤阁，用曲尺形廊庑与含元殿相连。含元殿开创了门阙合一的形式，现存北京故宫的午门，就是继承了这种建筑风格而产生的肃穆威严的艺术效果。

大明宫中另一组华丽的宫殿是麟德殿建筑群，它是皇帝宴请群臣、观赏歌舞、杂技和作佛事的场所。位于大明宫西北部的高地上，由前、中、后3殿组成，面宽11间，进深17间，面积等于北京明清故宫太和殿的三倍，约5 000平方米。殿后东西各建一楼，楼前建亭，作为麟德殿的衬托。整个建筑群金顶飞檐，雕梁画栋，其富丽堂皇为世上所罕见。

大明宫内还有协助皇帝处理政务的衙门，如含元殿与宣政殿之间设有中书、门下两省、弘文馆、史馆位于两省之侧。麟德殿的西南设有翰林院。殿馆之间设有宫墙，有宫门、重门、内重门，防卫森严。

大明宫的建筑成就，不但显示出唐代建筑是中国封建时期建筑的高峰，并可证明中国封建社会的建筑已经发展到了成熟的阶段。

视死如生话昭陵

古代的帝王，多数都认为人有灵魂，死后由阳世转到阴门。他们仍期望死后能像生前一样享受人世间的荣华富贵。所以，都十分重视陵墓的建造，认为是死后的永居之所，称为陵寝或寝宫。

秦始皇的骊山墓是最有名的帝王陵墓。秦始皇即位之初，就开始动工。统一六国后全面开工，工程浩大，有

70万人参加建造。地面建筑虽已全部毁坏，但尚有长宽各500米，高70余米的巨大坟丘残存。

唐代以前，帝王多喜欢堆山为陵以示雄伟。从唐太宗开始，创立了依山建陵的制度，这可节省人力，减少土石工程，而且其宏伟壮观远非人工土堆可比。唐朝15个皇陵因山而建，其中，以唐太宗李世民墓最为典型。

唐太宗的陵墓，叫昭陵，建于九峻山主峰上。山陵四周筑方形陵墙环绕，正面辟门。门外设有石狮、四周墙角有角楼。陵前神道顺坡势而下，两侧有对称的门阙、石碑及石人、石兽。

昭陵始建于贞观十年（636），建成于贞观二十三年（649），坐落在陕西省礼泉县东北45千米的九峻山上。九峻山山势突兀，渭水萦绕，主峰高耸，两侧层峦起伏，将昭陵衬托得更加雄伟肃穆。

昭陵正南为朱雀门，因山凿石为元宫，深75步营造尺，五尺为一步。前后共有石门五道。山上建拜祀之殿，分布于陵山的四周。沿山傍岩架设有栈道，绕山230步，才能进到元宫的正门。现遗址仍在。山北为玄武门和祭坛，墙基屋阶尚可辨认。玄武门内列贞观年间14个少数民族首领的石雕像，基座犹存。

朱雀门内东西两侧的廊庑上，陈列着李世民心爱的驰骋沙场的6匹战马。它们的名字是"什伐赤"、"青骓"、"特勒骠"、"白蹄乌"、"拳毛䯄"和"飒露紫"。这6匹战马，又称"昭陵六骏"，是唐代建筑石雕的典型和珍品。6匹骏马的飒爽英姿，雄劲有力，被表现得活灵活现，栩栩如生。其中"拳毛䯄"和"飒露紫"1914年被文物窃贼盗往美国，现存费城大学博物馆。另外4块石雕骏马被移入陕西省博物馆珍藏。

昭陵的四周，30千米范围内，布列了167位功臣贵戚的陪葬墓，说明了君臣都认为死后还可相伴而居，去统治另一个世界。园陵四周，遍植青松翠柏，高杨巨槐。当时有"柏城"之称。诗人描述陵园的幽静肃穆，写诗说："原分山势入宫塞，地匝松阴出晚寒。"

无字碑前说乾陵

有一位女中英杰，在自己的墓前，立了一块无字碑。因为对她的评价截然相反，辱骂她的人，说她人神所同嫉，天地所不容。歌颂她的人说她是巾帼英雄，流芳千古。其实她是告诉人们，她的功过自己不做鉴定了，留待后人去做评说。

无字碑高6.3米，左侧另立一碑，上刻武则天亲撰的《述圣论碑》，概述了唐高宗等的文治武功。两碑后是李治与武则天的合葬墓，位于陕西省乾县北六千米的梁山上。梁山海拔1 000多米，乾隆三峰耸立，北峰高大雄伟，依山为陵，是陵墓的主体。南端二峰对峙，形同乳房，称乳头山。山顶筑阙，构成宏伟壮丽的陵园大门。

据《唐会要》记载：从乳头山入口，至陵墓主入口朱雀门，是约长1千米的御道。御道两侧，从南到北排列着石雕的华表一对、飞马一对、朱雀一对、石人5对、石马5对、持剑值阁将军像10对。所有石雕都比真人真物还大，形象生动，线条古朴。

朱雀门两侧又立有60尊王宾石雕像。他们是前来参加唐高宗葬礼的外国使节和少数民族领袖，这些石雕是唐代强盛繁荣，友好往来频繁的历史见证，石像的背部还刻有国名与人名。

朱雀门内是祭祀用的主要建筑——献殿遗址。献殿以北是地宫，第一道门到地宫墓门，约长4千米。乾陵没有发掘地宫内的情况不明。但从武则天在世时就开始营建，费时甚长，她与唐高宗又处于唐代经济繁荣时期，其建筑规模宏大，陪葬珍宝丰厚是可以想见的。

乾陵的墓区在北峰，入口朝南，有方形陵墙环绕。四面设门，分别为东青龙、西白虎、南朱雀、北玄武。史书记载：陵墓入口在梁山南坡，甬道长60多米，高约4米。墓道由石条填砌堵死，并有铁栓连接，铁水浇灌，连为一体，坚如铁石。至今尚无被盗痕迹。

乾隆东南方，有17座陪葬的文臣武将与太子、公主的坟墓。已经发掘的有永泰公主、章怀太子、懿德太子等墓，出土文物4 000余件，珍宝甚多，异常丰富。

永泰公主墓深藏地下，墓道自南向北，成18°斜坡，总长87.5米，经过6个过厅及天井，才抵达放置石木的后室。纵深约16米，墓室顶部与四壁皆绘壁画，题材丰富，构图完整，用笔简练古朴，衣着服饰华丽，表现了盛唐的艺术风格。从永泰公主墓的发掘，可知乾陵一定规模宏伟，工程浩大，墓葬丰富多彩。一旦发掘，可能像秦始皇兵马俑那样震惊世界。

"观阴阳之割裂，总算术之根源"
——记刘徽与《九章算术注》

  亲爱的青少年朋友，现在的玩具店里，正在卖一种很抢手的儿童玩具——幻方，又称魔方。据说，它是一种风行于欧洲乃至世界的玩具。它的数字妙趣横生，变化无穷。您知道魔方的来历吗？它来源于中国古代的传说，并记入了中国古代哲学与数学的典籍。

  古代传说伏羲氏时，有龙马从黄河中出现，马背上负着"河图"；有神龟从洛水中出现，背负着"洛书"。伏羲氏根据"河图"与"洛书"，画成八卦，演成《周易》一书。所谓"河图"是一至十的圆点组成的方阵图；所谓

"洛书"是一至九的圆点组成的纵横图，又称九宫图。

宋代朱熹将这个传说写入《周易本义》，后人对"河图"与"洛书"做了今译。

这两个传说及其数字，说明了我国古代数学起源是很早的。"洛书"的数字，纵、横、斜之和，都是15。"洛书"后来演变成"幻方"，深受青少年朋友的热爱。

下面我们要向青少年朋友讲述的就是我国古代数学家刘徽及其主要贡献。

刘徽的生平与时代

刘徽的生平，我们所知甚少。只有3个古代文献提到他的生平。第一是《隋书·律历志》说："魏陈留王景元四年，刘徽注《九章算术》。"

据此，我们知道刘徽生活于曹魏与西晋时期，陈留王景元四年是公元263年。

第二是《九章算术注·刘徽序》，说幼习《九章》，长再阅读览。观阴阳之割裂，总算术之根源泉，探赜之暇，遂悟其意。是以敢竭顽愚，采其所见，为之作注。可知，他对《九章算术》的研究与注释是十分用心的。

第三是《畴人传》说："徽寻九数有重差之名，原其指趣，乃所以施于此也。凡望极高，测绝深而兼知其远者，必用重差。勾股则必以重差为率，故曰重差也。立两表与洛阳之城，令高八尺。南北各尽地平，同日度其正中之影。"引文告诉我们，刘徽曾运用他的重差理论，参加了洛阳城的春、秋分与冬、夏至的影差测定工作。

《畴人传》不说："旧术求圆，以周三径一为率。徽以为疏，遂更张其率。"可知，刘徽认为周三径一的圆周率不够精确，进行了进一步的推算工作，并取得了新的较为精密的数据。

我国现存内容完整的最古老的数学书

刘徽的最大数学贡献是为《九章算术》作注，我们要了解刘徽的数学成就，就必须从《九章算术》说起。《九章算术》是我国古代流传至今，内容完整的最古老的数学书。在它之前，还有一本《周髀算经》，就其形成完整体系与成就来衡量，都不及《九章算术》。

《九章算术》含蕴丰富，用现代数学衡量，它包含有系统的分数四则运算，面积和各种体积计算，开平方与开立方的运算方法，各种分配比例问题、正负数概念和正负数加减法则、多元一次联立方程的解法和一般二次方程（首项系数非负数）的解题方法等等。

《九章算术》的内容涉及算术、几何、代数的诸多问题。其中，负数概念的引入，多元一次联立方程的解和系统的分数四则运算等问题的提出，都是领先于世界其他各国的杰出成就。

《九章算术》以问题集的方式成书。全书共收载246个应用数学问题以及各类问题的解法。从记载的内容看，有先秦时期流传下来的老算题，也有西汉以后的新算题。刘徽的序文说："汉北平侯张苍、大司农中丞耿寿昌，皆以善算命世。苍等因旧文之遗残，各称删补。"可知，是由张苍、耿寿昌增补编辑成书。

《九章算术》分为9章，依次为方田、粟米、衰分、少广、商功、均输、盈不足、方程、勾股。

第一"方田"章，主要是亩计算问题。涉及了方田，即正方形和长方形；圭田，即三角形；箕田，即梯形；圆田，即圆形等面积计算，列出的计算公式都是正确的。弧田，即弓形，所用计算面积公式为经验公式。本章还叙述了分数的加减乘除四则运算的方法，与现代的分数计算方法基本一致。

第二"粟米"章，主要是各种粮食交换的比例问题，共46个问题，都是按今有数据推算所求数据的问题，称为"今有术"。刘徽与唐代的李淳风也以"今有术"为这种算法命名。

第三"衰分"章，收集的也是按一定比率分配的问题。程大位在《算法统宗》中，解释衰分问题时说："衰者，等也。物之混者，求其等而分之。以物之多寡求出税，以人户等第求差役，以物价求贵贱高低者也。"用现代的术语来说，就是配分比例问题。

第四"少广"章，是由已知图形的面积和体积，求其边长的问题。提出并运用了开平方、开立方的方法。古人解释少广，其意是计算面积时要"广少而从多，需截多以益少"。

第五"商功"章，是关于各种体积的计算。包括"方土保土寿"，就是立方体和长方体；"圆土保土寿"，就是圆柱体；"方锥、方亭"，就是平截头的方锥体；"圆亭"，就是平截头的圆锥体；"堑堵"，就是正三角柱；"阳马"，就是一棱和底面垂直的方锥；"鳖月需"，就是直角三角锥；"刍童"，就是平截头的长方锥；"羡除"，就是楔形体等等。

第六"均输"章，按明代数学家程大位的解释："此章以户数多寡，道里远近，而求车数、粟数；以粟数高下而求税值；以钱数多少而求佣钱。"也就是按人口多少，道路远近，谷物贵贱推算赋税及徭役的方法。就其算法而言，也是分配比例问题。

第七"盈不足"章是研究盈亏问题。先列出适当的公式，通过两次假设，分别计算出盈余或不足的数量，然后代入计算公式中，就可以得到所要求的结果。

第八"方程"章，介绍了联立一次方程组的消元解法。一般题中的方程，含有3个未知数，用消元的原理，依次消去方程中的未知数，先消三为二，再消二为一，就可以求出所需的数目。这与现代数学中，通用的方法实质上是一样的。

本章中，引入的负数概念，提出的正负数加减法则，在世界数学史上，都是首创的数学成就。

第九"勾股"章，叙述了勾股定理的应用和相似直角三角形的解法。古人称直角三角形的短直角边为勾，长直角边为股，斜边为弦。

全书9章所涉内容广博，所收问题多与实际生活有密切关系。这充分说明了我国古代数学，来源于生产实践和生活实际，这也体现了我国古代数学服务于生产实践和生活实际的优良传统。

刘徽《九章算术注》的杰出贡献

由于《九章算术》以问题集的形式成书。它的叙述体例是先列一个或几个问题，然后再归纳求解问题的方法或直接做出结论。这样，就产生了一大缺点，即对解法与结论缺少必要的解释与说明。而对解法与结论所依据的理论，几乎没有任何系统的探讨。

刘徽的《九章算术注》，正是为了弥补这个缺陷而著述。在《九章算术注》中，他精辟地阐明了各种解题方法的理论，通过简要的证明，论述了书中解法的正确性。指出了一些近似解法的精确程度和个别解法的错误。刘徽的注文，进行了创造性的工作，增加了许多新的理论，远远超出了原著。可以毫不夸张地说：刘徽的数学理论阐述，为建立具有独特风格的我国古代数学理论体系打下了坚实的基础。

刘徽的第一大贡献是创立了"割圆术"。为圆周率的推算建立了严密的理论和完善的方法，开创了圆周率研究的新阶段。

计算圆面积、圆周长、球表面积、球体积等，都要用到圆周率的数值。因此，推算出 π 的精确数值，在理论和实践上，都意义重大。世界各国的数学家都为 π 的精确数值，做了种种努力，刘徽在这个领域中，是居于世界前列的。

《九章算术》用的是周三径一的比率，这是很不精密的。其后，数学家们进行了许多探索。西汉的刘歆，采用的圆周率是3.1547，东汉的张衡在天文计算中，采用的圆周率是 $\frac{730}{232}$ ，相当于3.1466；在球体积计算时，又用过10的平方根，相当于3.1622。三国时期的王蕃曾用过 $\frac{142}{45}$ ，相当于3.1556。这些圆周率的数值，比周三径一有一些进步，但还不够精密，特别是没有说明理论依据。

刘徽的"割圆术"，其主要内容与依据有四：①圆内接正六边形，每边的长等于半径。②根据勾股定理，从圆内接正n边形每边的长，可求出圆内接正$2n$边形面积。③从圆内接正n边形每边的长，可以直接求出圆内接正$2n$边形的面积。④当圆内接正多边形边数无增加时，其周长就越逼近圆周长，其周长的极限即为圆周长，面积的极限即为圆面积。

刘徽从圆内接正六边形算起，边数逐步加倍，求到192边形的面积，求得π的近似值为3.14。他又继续求到圆内接正3072边形的面积，验证前面的结果，并得出更精确的圆周率近似值$\pi = 3.1416$。这是当时世界上圆周率的最佳数据。

欧洲数学家在探讨圆周率精确值时，希腊数学家安提丰早在公元前5世纪，就提出了圆内接正多边形的面积接近圆面积，但是他没有用来计算圆周率π的近似值。阿基米德在公元前3世纪提出圆周长介于圆内接多边形周长与圆外切多边形周长之间，但他避开了无穷小和极限。而刘徽应用了极限，计算方法上只用圆内接正多边形面积而不用阿基米德的圆外切多边形面积，计算程序上十分简便，可收事半功倍之效。为解决圆周率问题，刘徽运用了初步的极限概念和直曲转化思想，在1500年前的古代是十分难能可贵的。

刘徽《九章算术注》的第二项贡献是"齐同术"。"齐同术"就是分数加减法中的通分法。刘徽说："凡母互乘子，谓之齐，群母相乘，谓之同。同者，相与通共一母也。齐者，子与母齐，势不可失本数也。"就是说分母相同，分数才能相加减。刘徽还把"齐同术"用于一元联立方程组的解法中，提出了互乘相消法，使消元过程简化明晰。

刘徽的第三项贡献是"今有术"。刘徽用"今有术"来说明正比例、反比例、复比例等解算方法。如《均输》章第17题："今有客，马日行300里，客去，忘持衣。日已 $\frac{1}{3}$，主人乃觉，持衣追及，与之；而还至家，视日 $\frac{3}{4}$。问主人马不休，日行几何？"刘微作注说："主人用日率者，客马行率也。客人用日率者，主人也行率也。母同则子齐，是为客马行率5，主人马行率13，于今有数300里为所有数，13为所求率，5为所有率，而今有之，即得也。"引文意思是说二马所花费的时间（用日率）与马行的速度（马行率）成反比例。

主人用日率是 $\frac{1}{2}\left(\frac{3}{4}-\frac{1}{3}\right)=\frac{5}{24}$ 日，客人用日率是 $\frac{1}{3}+\frac{5}{24}=\frac{13}{24}$ 日。

依据用日率和马行率成反比例的道理，可知客人马行率与主人马行率的比为5∶13。所以，主人马日行数为：

300×13÷5＝780里。

这就是今有术解反比例问题的解题方法。

刘徽的第四项贡献是"图验法"。他用"图验法"的"以盈补虚"来证明各种平面图形的面积公式。

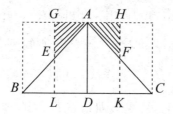

以三角形（圭田）为例，三角形 ABC 的面积等于长 BC×高 AD×$\frac{1}{2}$。

通过作辅助线得到长方形 $GLKH$，E 为 AB 的中点，F 为 AC 的中点，这样 $\triangle AEG=\triangle BEL$，$\triangle AFH=\triangle CFK$

刘徽采取"以盈补虚"的图验法，将 $\triangle BEL$ 补入虚线形成的 $\triangle AEG$，将 $\triangle CFK$ 补入虚线形成的 $\triangle AFH$，形成长方形 $GLKH$，恰等于 $\triangle ABC$，即 $BC×AD$ 的 $\frac{1}{2}$。

刘徽的第五项贡献是"棋验法"，他用"棋验法"拼凑证明各种立体图形的体积公式。他分析了立方体（包括长方体）、"堑堵"、"阳马"、"鳖臑"等形体间的关系，得出结论认为如果立方体的长、宽高是 a、b、c，立方体的体积是 $a \times b \times c$。那么"堑堵"的体积为 $\frac{1}{2} \times a \times b \times c$，"阳马"的体积是 $\frac{1}{3} \times a \times b \times c$，"鳖臑"的体积是 $\frac{1}{6} \times a \times b \times c$。刘徽用立方体、"堑堵"、"阳马"等为"棋"（基本立体模型），拼合证明"方锥"、"刍童"、"羡除"、"方亭"等形体的体积公式。例如，1个"方亭"可以用"棋验法"证明是由1个"方柱"、4个"堑堵"、4个"阳马"所组成。

"棋验法"是"图验法"的发展，这些方法简单易懂，便于应用，体现了我国古代数学的独特风格。近代，有的学者将刘徽分析证明上述斜解长方形所得阳马和鳖臑的体积成2∶1的理论，称为刘徽原理。刘徽的《九章算术注》确立了多方体体积问题的理论体系。

千里山川，归于一纸

——我国地图史上的世界第一

中国古代在地图学上也有许多值得骄傲的成就。中国地图学的发展可以说是源远流长的。中国古代有一部《尚书》，其意是上古之书，司马迁认为《尚书》由孔子编订，可见成书时间是很早的。这本书中就记载了西周初年，周公、召公在洛邑选址建城，并绘有地图。

《周礼·天官家宰》说："听间里以版图，版是户籍，图就是地图。现代把领土称为版图，即来源于此。"《周礼·职方》又说："掌天下之图，以掌天下之地，辨其邦国，都鄙、四夷……"这里说的是一幅全国地图。《周礼》中记载的地图已有7种之多，有全国行政区域图、农业用地图、地形图、矿产分布图、道路交通图、墓城地图、军事地图等。成书于战国时期的《管子》一书，对军事地图记载的特别详尽。

《尚书》、《周礼》、《管子》所记只是文字对地图的说明，而更宝贵的是我国有流传至今的2000多年以前的地图。

世界上保存至今的最早的地图——马王堆汉墓地图

1973年在长沙马王堆汉墓出土的3幅地图，是西汉初年绘制，距今已有2100多年，是至今为止，世界上保存到现在的最早的地图。

这3幅图中，科学性最强的是地形图。地形图长、宽各96厘米，画的是广西全州、藩阳以东，湖南新田、广东连县以西，北至新田、全州，南达南海。有湘江、潇水、南岭、九嶷山等山川，还绘有道路居民点等。

地形图上用闭合曲线加晕线表示山脉走向，但山脉均未标名称。用上游细、下游粗的曲线表示河流，计30多条，标出名称的有9条。山脉、河流的位置大体上是正确的。地形图上的居民点有80多个，县级8个，用矩形符号表示，乡级74个，用圈形符号表示。居民点之间的道用直线表示，能辨认的道路有20多条。

地形图的主区部分画得相当准确，说明它以实测为基础绘制。据当代学者研究认为地形的实测利用了古代的"重差法"。地形图内容丰富，笔法熟练，符号清楚，比例科学。比例尺为1：170000至1：190000，相当于1寸折地10里。在2000多年前，我们的祖先能画出这样的地图，是我们民族值得骄傲的科学成就。

第二幅是驻军图，长98厘米、宽78厘米的彩色军用地图。绘图时间也是汉文帝初年。比例尺为1：80000至1：100000之间。区域是湖南省江华瑶族自治县的潇水流域。

图中绘制了山脉河流、道路、居民点等，其重点是绘出了9支军队的驻防，防区和指挥城堡等军事情况。以黑色单线表示山脉，标出9个山头。以蓝色绘制河流、湖泊、河道宽窄有别，标出河名14条。以黑底套红表示军队驻地和军事工程建筑物，驻军名称画在框内。用红色虚线表示行军路线。用红色三角形表示城堡，用黑色圆圈表示居民点等等。

长沙马王堆汉墓的驻军图是我国也是世界上至今为止，发现的最早的彩色军事地图。

第三幅地图破碎严重，尚待进一步修复。

世界上最早的地图绘制理论——"制图六体"

我国不但有世界上保存至今最早的地图，而且有世界最早的科学的地图绘制理论。这地图理论的创始人，就是晋代的裴秀。

裴秀，字季产，河东闻喜（今山西省闻喜县）人。生于魏文帝黄初四年（223），出身于官宦之家。祖父裴茂做过汉朝的尚书令。

裴秀自幼好学，少有才名，后袭承父亲的爵位，任廷尉正，他又任司空，尚书令等职，官至宰相。

裴秀的经历，为他积累地图学知识提供了方便。青年后承受军出征有机会熟悉山川、道路，增加了地理知识。又曾掌管户籍、地图，使他有可能对古代地理著作和地图进行仔细研读和精心考究。裴秀仔细研读过我国地理学名著——《禹页》，详细考订了《禹页》的九州域及山脉、湖泊、河流、高原、平原、沼泽等。在此基础上，参考了大量古代地图，他绘制了《禹贡地域图》18幅。这是一本大型的地图集，以《禹贡》为基础，按晋代的十六州绘制。图上古今地名对照标出，它是当时最完备、最精确的地图，绘制的方法也最科学。

裴秀将这本地图集献给晋武帝，被作为重要文献收藏于秘府。他为地图集写了序言，在序言中，他阐述了科学的地图理论——制图六体。这篇序言被收入了《晋书·裴秀传》，它就是当今世界上最早的地图绘制的科学理论。

裴秀的"制图六体"内容："一曰分率，所以辨广轮之度也；"就是说首先要有准确的反映地域长宽、大小的比例尺。"二曰准望，所以正彼此之体也；"其意是说要确定地理位方位间的关系。"三曰道里，所以定所由之数也；"是说第三要知道两地之间的人行路程。"四曰高下，五曰方邪，六曰迂直，此三者，各因地而制宜，所以校夷险之异也。"这第四、五、六3项是说两地距离遇到各种地形时，要逢高取下，逢方取斜，逢曲取直，也就是说要因地制宜，求出地面物体之间的水平直线距离，以便绘制地图。

裴秀的"制图六体"中说的6个方面虽有主次之分，但又是互相联系，互相制约的。用他的原话讲"无近之实，定于分离；彼此之实，定于道里；度数之实，定于高下，方邪、迂直之算。"

这个科学的绘制地图理论指导中国的地图学达1700多年。裴氏的理论，除了经纬线和地图投影尚未涉及外，其他有关地图绘制的重要原则，都扼要地提出来了。所以，称他为中国传统地图学的奠基人是当之无愧的。

贾耽与海内华夷图

贾耽，生于唐开元十七年（729—805）。曾任鸿胪卿兼左右威远营使。常常接触四夷使者和从国外归来的使者，然后详加考究，绘成了《陇右山南图》。在绘制的过程中，贾耽严格地按着裴秀的"制图六体"绘制。

《陇右山南图》完成之后，贾耽升为宰相。有机会查阅保存于朝廷的各种地图与地理资料，经过多方努力，他终于在贞元十七年（801）完成了《海内华夷图》。

贾耽于兴元元年（784），奉皇帝之命绘制地图，至贞元十七年（802），历时18年，终于完成。《海内华夷图》长三丈三尺，宽三丈，面积约十平方丈。

比例尺为1：1500000，"以一寸折百里"地名以两种颜色标注，以别古今。"古郡国题以墨，今州县题以朱，"开创了我国地图史上，以朱墨分注古今地名的先河。此法一直被后人沿用至清朝末年。

贾耽的《海内华夷图》已经失传，但我们仍可以从保存于西安碑林的刻石华夷图上，了解其大概。1136年刻石的华夷图上刻有"唐贾魏会（耽）图所载，凡数百余国，今取其著闻者载之。"可知，石碑上的华夷图，绘制了贾耽《海内华夷图》的一些州县。华夷图是世界上石刻地图中最有成就的地图之一。

我国现存地图及地图理论上的光辉成就，是居于世界前列的。当我们重读这些地图与地图理论时，不能不为我们先人的光辉成就而感到无限自豪。

两个孩子，问难孔子

——我国古代对太阳的研究与探索

　　孔子自古以来被称为"至圣贤师"，是一个学识渊博的大教育家。他曾经与两个孩子讨论过太阳的远近问题，竟然被两个孩子问得哑口无言。

　　故事的内容大概如下：春秋时期，孔子周游列国。在偏僻的农村遇到了两个正在辩论的小孩，他俩争论得面红耳赤，互不相让。孔子走过去为两个孩子评理。

　　一个孩子说："太阳早晨离我们近。你看，太阳早晨红红的，大大的像一个车盖；到了中午，就变小了，像一个圆盘；太阳也和其他物体一样离你近时看着大，离你远时看着小。"另一个孩子说："太阳中午离我们近。你没有感觉到吗？太阳早晨是清凉的，中午却是滚烫的。太阳像火一样，离你远时凉，离你近时热。"

孔子听完两个孩子的争论，想了许久，也不知说什么好。亲爱的少年朋友，孔子回答不了，你能够回答吗？

古代科学家们的回答

东汉的张衡说：太阳刚刚从东方升起，接近于地平，背景是大海、山脉或树木，深暗色的背景，将太阳衬托得很明亮，就显得很大。中午时，太阳已升到天顶，背景是辽阔明亮的天空，太阳就显得小了。正如一团火，黑暗的夜晚就显得亮而大，明亮的白天就显得暗而小。

实际上，张衡的主张是太阳早晨与中午一样远，由于背景的明暗使眼睛产生了错觉。需要指出的是张衡的解释符合现代科学的光渗作用，即白色的明亮图形，一般觉得比黑色的暗淡图形大些。

另一位东汉学者桓谭，他认为中午要比早晨近些。他的论据如下：黄昏时，星辰从东方升起，看起来少而稀疏，有的彼此相距为丈余；升到天顶时，星辰就多而稠密，彼此相距只有一二尺了。这是由于物体近而大，小而远的关系。中午时，星辰离我们近，看到的就多，太阳与星辰是一样的。桓谭的解释还只是经验之谈。

晋代的学者束皙提出了太阳早晨与中午一样近的观点。第一，太阳初升，位于地平，人目是平视，显得大些；太阳升上天顶时，人目是仰视，就显得小；第二，早晨日出，太阳暗红不刺眼，就显得大；中午时，太阳白亮，刺眼就显得小。而实际上，早晨、中午与人的距离是一样的。

晋代的另一位学者姜岌，支持束皙的论点。他进一步解释了为什么早晨太阳暗红，而中午就显得白亮呢？这是由于"地有游气"的缘故。地面的游气遮挡和吸收许多日光，看起来就红而大，不刺眼；太阳升上天顶，游气很少，看起来就白亮，刺眼，就显得小些。姜岌虽未正确回答两个孩子争论的问题，但是，他的话是符合现代的大气消光原理的。

从现代科学的原理来衡量，束皙把鼎放在大屋里，把人立在高墙下，用相对感觉造成的大小之差来阐述问题，也是有道理的。姜岌的"地有游气"之说，用来解释太阳早晨凉，中午热，也是符合实际的。太阳穿过大气层的时候，浮于气层中的尘埃、水滴等把阳光吸收和散射了一部分，大阳就变得暗红了，清冷了。而升上天顶的中午，太阳直射地面，气层中的尘埃、水滴少，吸收和散射的阳光也少，太阳就明亮而赤热。

这个看起来很简单的问题，从现代科学的观点看，确实是很复杂的。由于地球绕太阳旋转的轨道是一个椭圆形，所以，太阳一年四季离地球的距离确实有远有近。最远和最近时要相差500万千米，但这差别，人的眼睛是感觉不出来的。太阳距地球的距离每天也不一样，春分秋分时变化最大，每天约三四万千米，早晨与中午可相差1万千米。同样，人的眼睛对这个差别也是看不出来的。

　　古代的孩子用热量不同来判断距离的远近，更是不可靠的。实际上，对于我们北半球来说，夏天最热的时候，恰是地球离太阳最远的时候；而冬天最冷的时候，却是离太阳最近的时候。

从"夸父逐日"谈起

　　传说中国有一个叫夸父的英雄，他竟敢追逐太阳。一直追到太阳快落山了，后来他就渴死了。这个传说主要是为了反映了我们勤劳智慧的中华民族，在与大自然搏斗时，所表现的勇敢无畏、坚韧不拔的英雄气概。就连那烈焰喷射的太阳，也想要征服它！

　　在世界上，是我国最早观测和研究了太阳，并在3个方面遥遥领先。

　　1610年，伟大的科学家伽利略在他发明的天文望远镜里，发现了太阳黑子。1613年，他把这一科学发现公布于世。但欧洲人哪里知道早在殷商的时代，甲骨文中已有太阳黑子的记录。公元前43年，我国关于太阳黑子的观测和记录，已经十分具体了。《汉书·五行志》记载："汉元帝永光四年（前43），日中黑子，大如弹丸。"

我国公元前28年的太阳黑子记录，是世界科学办公认的世界上最早的太阳黑子记录。《汉书·五行志》记载："河平元年（前28）……三月己未，日出黄，有黑气，大如钱，居日中央。"其后，唐代房玄龄的《晋书·天志》等均有记载，至17世纪中期，仅仅正史就记录了112次。观测的系统性、连续性都是世界所仅见的，它的准确无误使许多现代的天文学家也十分折服。

现代研究太阳黑子的科学家仍在利用我国古代的太阳黑子资料。德国人弗立茨利用这些资料探讨太阳与地磁感应的周期性；英国人肖夫利用这些资料研究太阳黑子与极光的关系；日本人神田茂综合了我国古籍中的太阳黑子资料，编写了太阳黑子表。

我们祖先记录的太阳黑子资料，不仅在科技史中是中国人的骄傲，而且在世界现代科学研究中也大放异彩。大量的太阳黑子，能使无线电广播失灵，电讯通信中断，磁针跳动无常，送电发生故障等。亲爱的少年朋友，请看，我们先人对太阳黑子的记录，的确与四个现代化和你的生活息息相关啊！

我们国家还有世界上最早最系统的日食记录。《尚书》中的日食记录，应是最早的记录。唐代一行、明代李天经、英国李约瑟等许多科学家都研究过这次日食，将它定在公元前2155年、公元前2137年、公元前2007年等年份。记录在甲骨文上，公元前1217年5月26日的日食（见《殷契佚存》第374页），是地下发掘文物中最早的日食记录。

《诗经·小雅·十月之交》："十月之交，朔月辛卯"。这短短8字，有月份，有朔望，有干支纪日。据此，我们可以推测这次日食发生在周幽王六年（前776）旧历十月初一。

我国许多古籍对日食都有记载。据有关学者统计，《春秋》记载了32次，一次也不错；《左传》记载了37次，有32次是准确的；《汉书》记载了55次，有38次是准确的。总计我国古籍中有1 100多次日食。可见，我们先人付出了多么艰辛的劳动，他们观测与研究太阳是何等精勤啊！

我国征服太阳的第三次世界第一的记录是对太阳能的利用。我国古代取火的方法有3种。第一，是"钻木取火"，第二，是"石燧取火"，第三，是"阳燧取火"。

"阳燧取火"，就是利用凹面镜聚光取火。

墨子在《墨经》一书中，论述了平面镜、凸面镜、凹面镜对光的作用。我国在东周就开始用凹面镜取火。这是世界上对太阳能的最早利用。

20世纪以来，中外科学家正在致力于获取或利用这个免费的能源。法国设在比利牛斯山上的太阳能聚光镜有九层楼高，总面积2 500平方米，聚焦区温度可达4 000℃，最高输出功率1 000千瓦。希腊太阳能蒸馏器总面积87 000平方米，海水淡化日产27吨。我国上海自行设计的太阳能浴室，采光面积30平方米，储水约1吨，可供60—80人洗澡。

在古代科学中，我们的祖先对太阳的观测、研究和利用，为人类作出了宝贵的贡献。在发生世界性能源危机的今天，让我们发扬"夸父逐日"的大无畏精神，继续向太阳进军，让它为人类作出更大的贡献。

千里激流，融入沃壤

——战国时期的三大水利工程

　　我国幅员辽阔，江河纵横。既有奔腾咆哮一泻千里的长江，也有浊流滚滚汹涌澎湃的黄河。如果治理得当，它们可以是"朝辞白帝彩云间，千里江陵一日还"的交通大动脉；如果治理不当，它们也会成为吞食生灵，淹没村舍的大祸患。我们的先人，自古以来，就对水利工程付出了艰辛的劳动，并在化水害为水利方面，做出了世界瞩目的成就。

西门豹与漳水十二渠

　　亲爱的青少年朋友，你一定听过"河伯娶妇"的故事。这主要是因为当时科技落后，百姓愚昧，把水患说成"河伯"想娶媳妇。其实没有"河伯"，只是水利不畅。

西门豹领导民众，在魏文侯二十五年（422），开始挖掘漳河的12条水渠，根治水患，灌溉民田。除开凿时，12条渠一起动工，调动人力较多，老百姓不堪繁重的劳苦，有些人不愿继续开凿水渠。有些官吏也随之动摇，西门豹却坚定地说："民可以乐成，不可以虑始。现百姓虽因劳苦而怨恨我，但将来一定会思念我的。"终于修成了漳河十二渠，化水患为水利，使漳河两岸绿野千里，人给家足。

《水经浊漳水注》对漳水十二渠有如下描述："二十里作十二墱，墱相去，三百布，令相互灌注。一源分为十二流，皆悬水门。"墱是梯级，也就是晋代的低滚水堰。据《汉书·食货志》载："六尺为布，百步为亩"，300步应为1 800尺。即每梯级相距1 800尺。十二流是指12条渠，12个水口，每个水口都有闸门控制。

十二渠两岸，原为盐碱地，得漳河水的灌溉，洗去盐碱，使土质肥沃，对庄稼生长更加有利。漳河水带有大量细粒沙，灌入田中，时板结细密的土质变得疏松，有填淤加肥的作用。漳河十二渠，改良土质，提高了粮食的产量，原来年年泛滥的不毛之地，"成为膏腴，则亩收一钟。"按王充《论衡》一书的数据推算，一钟为64斗，即6石4斗。每市斗高粱为13.5斤，以秦汉之亩制计算，每亩可产600斤。可见，漳河十二渠的巨大作用。

到了汉代，由于十二渠流经皇帝的驰道，地方官想将渠合并，流经驰道时，合三渠流一桥。该县的父老坚决反对，他们认为十二渠是西门豹所凿，"贤君之法式，不可更也。"地方官没有办法，只好按百姓的意见办。十二渠一直流泽百代，造福子孙。

李冰与都江堰

秦昭襄王五十一年（前256），李冰被任命为蜀的郡守，主持了都江堰水利工程。

李冰到任之后，主要做了两件事。第一是"凿离堆，避沫水之害"。离堆即崖，位于沫水之中，使"水脉漂疾，破害舟船，历代患之。"凿去崖，使河道畅通，再无祸患。第二是修筑都江堰。

都江堰，古人又称都安堰，唐代改称楗尾堰，宋代才称都江堰。都江堰的枢纽工程，沿江自上而下，分别为百丈堤、都江鱼嘴、金刚堤、飞沙堤、人字堤、宝瓶口。最重要的是都江鱼嘴、宝瓶口、飞沙堤，三者紧密配合，组成一个有机的整体。都江鱼嘴又叫分水鱼嘴。闽江经分水鱼嘴分为内外二江，外江是主流；内江之水经宝瓶口流向成都与川西平原，起到了灌溉、分洪与航运的作用。

宝瓶口是内江流量的咽喉，因形状像瓶口而得名。口的左边是垒山，右边是离堆。李冰凿开宝瓶口，穿二江成都之中。现宝瓶口的引水通道宽20米，高40米，长80米，其流量足以供应川西平原的千里沃野。

飞沙堰是内江分洪减淤入外江的工程。现为长约180米的低堰，由装满石头的竹笼砌成。岷江水量暴涨时，内江的洪水就从堰顶溢入外江。这可以确保内江灌区的安全。飞沙堰与宝瓶口相互配合，可以使灌溉的川西平原，水大时无淹没之患，水小时，无干旱之忧。飞沙堰唐代称侍郎堰。因有排沙作用，后来才改称飞沙堰。飞沙堰的排沙产生于两个方面：其一是宝瓶口水，上游的重质泥沙开始下沉；其二是飞沙堰前的内江是弯道，产生弯道环流，飞沙堰处于弯道凹岸，使挟泥沙的底流向堰外排沙。这是千百年来劳动人民在实践中取得的科学成果。飞沙堰的筑堰竹笼，据唐代的《元和郡县图志》载："破竹为笼，圆径三尺，长十丈，以石实中，累而水。"其优点是就地取材，施工方便，节省费用，功效显著。这种竹笼的建筑性能是"重而不陷"，"硬而不腐"，"击而不反"，"散而不乱"，其防冲护底的功效是十分优良的。

都江鱼嘴的上游，还有百丈堰。其作用是引导江流，防护江岸。鱼嘴之下的两侧是内金刚堤与外金刚堤。也就是左思《蜀都赋》中所说的"西逾金堤"。

飞沙堰之下是人字堤，下接离堆，在宝瓶口右侧，有护岸溢流的作用。洪水特大时，从堤顶溢流，可补飞沙堰溢流之不足。

据《华阳国志》记载：李冰"于玉女房下白沙邮作三石人，立三水中，与江神要水，竭不至足，盛不没肩。"这是记载的最早的水则（即水尺），用它来测量江中水位的高低，以决定采取什么样的措施来保证灌溉和防洪消灾。"三水"当指内江、外江和未分流的上游岷江。

都江堰水利工程造福人民2000多年，使蜀郡人民"旱则借以为溉，雨则不遏其流"，"水旱从人，不知饥饿"，"沃野千里，世陆海，谓之天府也"。新中国成立时，可灌二三百万亩，现已扩大到八九百万亩。它造福于蜀中人民是何等巨大啊！

水工郑国与郑国渠

七雄称霸的战国时期，有一位以科技人员担任政治使命，去阻止强秦统一六国者，这就是韩国派出水利巨将——郑国。

韩国与秦国相邻，秦军旌旗所指，它首当其冲。韩国万般无奈，想出了一条"疲秦"之计。即派水工郑国，去说服秦王修筑一条人工大渠，灌溉洛水间的广大农田。韩国以为这样一条大渠一定会使秦国民力不支，疲惫不堪，因而无力伐韩。由于郑国是人尽皆知的水利工程专家，又兼他倡议修筑的水渠西起水，东贯冶水、清水、浊水、漆水、洛水等7条河，使渭水平原得到良好的灌溉，可以使秦国民富国强。秦王听从了郑国的建议，中了韩国的"疲秦"之计。这就是郑国渠的由来。

郑国渠于秦始皇元年（246）动工兴建。《史记河渠书》说："凿水，自中山西邸口为渠，并北山，东注洛，三百余里，欲以灌田……渠就，用注填之水，溉泽卤之地四万余顷，收皆亩一钟。于是，关中为沃野，无凶年。"这已很清楚地说明了郑国渠的流经区域。它的干渠首段，在"中山"和"口"之间。"中山"即仲山，在云阳县（今阳县）西7.5千米，是云阳县城北的一个泽。

郑国渠干渠全长150余千米，其测量施工，布置运用都说明了当时的科学技术水平是很高的。它的干渠主线布置在渭北平原二级阶地的最高线上。由于它处于最高位上，干渠南部的整个灌区都在它的控制之下，这就保证了支渠以及其他细小渠道的自流灌水，从而保证了最大的灌溉面积。据当代科技人员的测算，郑国渠干渠平均坡降约为0.4/1000。这种科学的选择，显示了当时有较高的测量地形与引用渠水的技术水平。

当代学者还认为郑国渠在横穿天然河流的技术措施中，采用了原始的"立交"技术。从而解决了既能彼此隔开，避免干扰，又能各走各道，通流行水。具体工程措施，是一种原始形态的简易渡槽。

《史记河渠书》所说的"用注填之水，溉泽卤之地"，是一种淤灌技术。水从东高原流下，挟带大量含有机质的泥沙，随水灌入农田，使饱含盐碱的"泽卤之地"，冲去了盐碱，又提高了土壤的肥力。所以，郑国渠引水灌溉渭河平原，有改良盐碱地、施肥和灌水的一举三得之功。郑国渠建成后，使原来瘠薄的渭北平原，变成了"无凶年"的沃野。它所流经的三原、高陵、经阳、富平各县得到了充分的灌溉，亩产高达一钟之多。司马迁也为之赞叹。

郑国渠修筑过程中，秦始皇发觉了韩国的"疲秦"之计，想要杀死郑国。郑国不但善于治水，而且很有胆识，颇具远见。他理直气壮地对秦始皇说，渠"为韩延数岁之命，而为秦建万世之功"。一个有远见卓识的君主，是不应该因急功近利，而中止这造福万民的水利工程。秦始皇被说服了，花了10多年的时间，修成了大渠，并以郑国的名字命名。秦国也因此提高了国力，终于统一了六国。

目尽毫厘，心穷筹策

——祖冲之及其科学成就

天监元年（501）以来，梁武帝萧衍的美德懿行不断传到祖暅的耳中。梁武帝天监八年（509），祖冲之的儿子祖暅经过缜密的考虑，多次与朋友磋商，决定上书梁武帝萧衍，乘他高兴，请他颁用父亲祖冲之于50年前创制的"大明历"。天监九年（510），梁武帝萧衍大会群臣，祭天祖，宣布颁用祖冲之的"大明历"。

当跪在朝堂下的祖暅听到梁武帝的诏书时，他激动得泪流满面，不停地叩头，连呼："吾皇万岁！万岁！万万岁！"这使祖暅想起了50年前父亲在朝堂上和权臣戴法兴的一场争论……

改革与守旧的一场大辩论

南北朝时期的宋孝武帝大明六年（462），祖冲之向宋孝武帝刘骏呈送了"大明历"表文。

他在表文中说："臣博访前坟（指古代典籍），远稽昔典，五帝次，三王交分，《春秋》朔气，《纪年》薄蚀……魏世注历，晋代《起居》，探异今古，观要华……专功耽思，咸可得而言也。"说明他对从远古到魏晋的天文、历法进行了各种研究与考证，对各种问题都已洞察明白，阐释清楚。他又说："加以亲量圭尺，躬察仪漏，目尽毫厘，心穷筹策，考课推移，又曲备其详矣。"向皇帝说明"大明历"中的一切数据都是他亲自测量，亲自观察，亲自推算出来的，是准确而又详尽的，请皇帝立即颁布全国，加以实行。

宋孝武帝刘骏在收到祖冲之的表文之前，已经有戴法兴等重臣多次向他报告祖冲之的制历情况，多是诬陷攻击的不实之词。所以，刘骏并没有立即颁布"大明历"，而是在朝堂组织了一次大辩论，让戴法兴等人向祖冲之提出各种问题，请祖冲之一一答辩，然后，再决定是否颁行。

辩论开始后，戴法兴等人攻击的矛头，主要指向祖冲之对历法的两项重大改革。

第一是制历是否要引"岁差"问题。祖冲之是一个勇于吸收新发现，敢于革新，追求真理的科学家。所以，他坚持引进"岁差"，对各种数据交食，加以新的测算。

"岁差"现象是由东晋天文学家虞喜发现的。所谓"岁差"，就是指春分点在黄道上的西移。由于日、月和行星的吸引，地球自转轴的方向发生缓慢而微弱的变化。因此，从第一年春分到第二年的春分，从地球上看，太阳并没有回到原来的位置，而是岁岁后移（向西）。由于春分点移动，全年的二十四个节气的位置也在移动。

祖冲之认真研究了虞喜的见解，又通过亲身长期观测，证实了"岁差"的存在，并引入了"大明历"的计算之中。

由于历法计算中考虑了"岁差"，回归年（周岁）和恒星年（天）才有了区别。回归年是太阳连续两次经过春分点所需要的时间，又叫太阳年，也就是我们日常生活中所说的年。恒星年是太阳连续两次经过某一恒星所需要的时间，也就是地球绕太阳公转的一个真正周期。回归年比恒星年短20分23秒。

虞喜认为"岁差"每50年后移一度，祖冲之测算岁差每45年11个月后移一度。尽管这两个数据都不十分精确。但祖冲之确认存在"岁差"，并把它引入历法的推算，确实是重视科学发展，坚持真理的行动。

戴法兴等人反对"岁差"的存在，更反对将"岁差"引入编制历法，他们不肯承认新的科学发现，崇古疑今，死守古人的章法。

祖冲之据理力争，从两个方面进行答辩。他解释说："唐（尧）世冬至日，在今宿之左五十许度。汉代之初，即用秦历，冬至日在牵牛六度……后汉四分法，冬至在斗二十二。晋世姜以月蚀检日，冬至在斗十七。""通而计之，未盈百载，所差二度。"他说唐尧的时代、西汉初年、东汉、晋代冬至点在不停地变化，平均计算，不到100年，就差了两度。"岁差"的存在是明摆着的事实，我们为什么不承认呢？

由于与天体的运数有差别，那么日、月与五大行星的位置也推算不准，错误明显了，不得不改变历法。

接着，他阐述了"大明历"承认"岁差"将它引入历法测算的好处。"今令冬至所在，岁岁微差。却检汉注，并皆审密，将来久用，无烦屡改。"现在承认这一科学发现，使冬至日每年有微小的差别，用来检验汉代的历法，都是精密的，将来的"大明历"可以久用，不必再改历。

对天文历法有深刻研究的祖冲之，答辩得清清楚楚，把戴法兴等人说得哑口无言。祖冲之为了使皇帝与百官信服，又提出与戴法兴等人，当众推算。请戴法兴使用旧法，不考虑"岁差"；自己引用"岁差"，推算日、月在天空中的位置。皇帝与百官都拍手叫好，让他们两军对垒，一比高低。

双方推算了从元嘉十三年（436）到大明三年（459），这23年间发生的4次月食时间。祖冲之推算的完全准确，戴法兴等人推算的却大谬不然，竟然与实际天象相差10度之多。

在铁的事实面前，戴法兴等人依然不肯认输。蛮横地宣称，尽管古代历法有错误，他们推算得与实际不符，但也不能引入"岁差"。因为承认了"岁差"，就是承认了天道的变化。而自古以来，统治阶级都是强调"天变道亦变"的信条。

戴法兴等人攻击的第二点是祖冲之对闰法的改革。自古以来，我国的历法，就是一种阴阳合历。通过设置闰月来调和阴、阳历，使历法能兼顾四季变化和月亮圆缺，以适应农业生产和日常生活的需要。

自春秋时代起，开始采用19年中设置7个闰月的方法。但19年七闰的方法并不完善，经过200多年就要多出1天，将要影响历法中其他数据的计算。由于这个置闰方法并不科学，东晋义熙八年（412），北朝北凉赵在制作

"元始历"时，第一次改革了置闰方法，采用了600年设置221个闰月的方法。但是，没有被人们接受。

祖冲之继承了赵在勇于改革置闰方法的精神，经过自己的反复测算，提出了391年中设置144个闰月的新闰法。使"大明历"的精确度大大提高了。按祖冲之的方法推算，一回归年的长度是365.24281481日，远比前人的数据准确，与现测准确数据误差比仅有46秒。但，这一改革，还是遭到了守旧派的猛烈攻击。

戴法兴认为："日有缓急，故斗有阔狭。古人制章，立为中格。积十九章有七闰。或虚盈，此不可革。冲之消闰坏章，倍减余数……"所以，他认定置闰不可改，决不能允许祖冲之诬天背经，妄改历法。

祖冲之答辩说："以旧法一章，十九年有七闰，闰数为多，经二百年则差一日。节闰既移，则应改法。历法屡迁，实由此条。今改章法三百九十一年有一百四十四闰，令却合周、汉。则将来永用，无复差动。"他认为旧历法的许多差错，都是置闰不精确而产生。所以，改革置闰方法是制历的症结所在，这一条是非改不可的。

宋孝武帝刘骏不懂历法，又觉得双方讲得都很在理，难于裁决，他只好请群臣一一表态。由于戴法兴身居要职，任太子旅中郎将；而祖冲之只是一个小小的南徐州从事。所以，大多数人都表示支持戴法兴，不同意改革历法。只有研究过历法的中书舍人巢尚之一人支持祖冲之。

事后，祖冲之根据戴法兴等提出的责难，又一条一条地批驳，写成了《辩戴法兴难新历》的奏章，请中书舍人巢尚之呈送皇帝。巢尚之根据自己的体会，一条一条地讲给孝武帝听，告诉他戴法兴根本不懂天文历法，只是妄引古书词句，蛊惑视听，欺蒙皇帝。孝武帝刘骏终于被巢尚之说服，准备颁行"大明历"。不幸的是他于大明八年（464）病逝，"大明历"仍然没有颁行。

祖冲之的"大明历"第一次明确提出了交点月（月亮连续两次经过黄道和白道的同一交点所需的时间）的长度为27.21223日。与现代的准确值比较，只差1/100000，即差一秒左右。

五星会和周期的数值也比旧历有很大进步，误差最大的火星，也没有超过1%。误差最小的水星与真值几乎完全相合。朔望月的长度值，误差也只有1秒。总之，"大明历"由于勇于改革，坚持真理，是一部很先进的历法。

梁武帝萧衍接受祖暅的建议，颁行"大明历"，也可以说是慧眼识珠的明君，他是和科学真理站在一起的。可惜，他的晚年竟崇信佛教，掉入了迷信神佛的泥潭。

生平其他科学成就

祖冲之生于宋文帝元嘉六年（429），死于齐东昏候永元二年（500）。他出生在一个官宦之家，曾祖父祖台之，任晋代门下省的最高长官侍中。祖父祖昌任南朝宋的土木管理之长官大匠卿，父亲祖朔之任闲散之职奉朝请。

祖冲之幼年好学，博览古籍，又巧思机敏，深得宋孝武帝的宠爱，曾使他"直华林学省，赐宅宇车服"。后来，出任南徐州从事，研制"大明历"。又改任公府参军。孝武帝死后，他改任江苏娄县县令，者仆射等官。也任过军职长水校尉等，著过《安边策》，建议换地，开屯田，广农垦，富国强兵。他很得齐明帝萧鸾的赏识，曾任他为巡视官员，兴修农田水利。由于对北魏的连年战争，没有实行。

祖冲之一生的最大贡献依然是科学技术。

首先是他在数学方面的贡献。刘徽曾在为《九章算术》作注时，求得了圆周率 π 的值为3.1416，这是一个比较精确的数值。但祖冲之依然不满意。

祖冲之经过刻苦研究，长期推算，终于求得了精确度更高的圆周率近似值。根据《隋书·律历志》的记载，他的贡献主要有以下3个方面。第一，计算出圆周率在3.1415926至3.1415927之间。在世界数学史上，第一次将圆周率推算精确到小数点后七位数。这个数学史上的记录，保持了千年之久，一直到15世纪，阿拉伯数学家阿尔·卡西在《算术的钥匙》中才超过了祖冲之。第二，明确提出了圆周率的上限和下限，用两个高准确度的固定数作界限，精确地说明了圆周率的大小范围。虽未指明，但实际上已经确定了误差范围，这在世界上也是前所未有的。第三，提出圆周率的约率为 $\frac{22}{7}$，密率为 $\frac{355}{113}$。这个密率值是世界上首次提出，所以，有的学者主张将它称为"祖率"。在欧洲，得到这一密率的是德国数学家奥托和荷兰数学家安托尼兹，但是，仍晚于祖冲之1000多年。

祖冲之推算的方法依然是"割圆术"，即利用刘徽的不等式算出盈两数，从圆内接正六边形，正十二边形……一直算到正12288边形，一次求算面积与周长。这要对九位数字的大数进行加、减、乘、除和开方，共运算100多步，最高数字达18位。当时没有电子计算器，数字计算还没有纸笔与数码，而是用细竹棍——算筹，可见，需要付出多么刻苦精勤的努力啊！

球体积计算公式也是祖冲之父子的数学贡献。《九章算术》认为外切圆柱体与球体体积之比，等于正方形与其内切圆面积之比。刘徽指出了《九章算术》中的这个错误，认为"牟合方盖"（垂直相交的二圆柱体之共同部分）与球体体积之比，才是正方形与其内切圆面积之比。但是，他并没有得到"牟合方盖"的体积公式。

祖冲之的儿子祖暅，应用"等高处横截面积相等的两个立体，它们的体积也必定相等"的原理，巧妙地完成了刘徽的未竟之业，求得了球体体积公式：球体体积=$\frac{\pi}{6}D^3$，式中D为球体的直径。这个原理后来被称为"祖暅公理"。在国外，这个原理被称为卡瓦列里公理，卡瓦列里是意大利数学家，他发现这个公式比祖暅晚了近1000年。

《南齐书·祖冲之传》记载祖冲之父子曾注《九章算术》，造《缀术》数十篇。《缀术》是一部十分深奥的数学书，曾列入唐代《算经十书》，被当做学生的数学课本。唐代太学规定《缀术》要学习4年时间，是《算经十书》中规定学习时间最长的一本书。据现代学者研究，《缀术》的内容应包括《九章算术》的注文、圆周率计算与球体体积公式和三次方程求解问题等。可惜，这部数学专著早就失传了。

祖冲之不仅是天文学家、数学家，而且是一个机械制造专家。

宋武帝平定关中时，得到了一个姚兴造的指南车，但只有外形，内部的机芯已经丢失。宋顺帝升明年间（477—479），萧道成辅政，命祖冲之重新研制。祖冲之造的指南车，改为铜制机芯，驱车前进，而始终指南。

有一个从北方来的工匠索驭驎，认为他可以造得更好。齐高帝萧道成就命令两人在乐游苑比赛，共造指南车。结果，索驭驎所造，远不及祖冲之的指南车。

晋代有名的大将杜预，是一个学者兼历法家。他曾试制古代的器，三次试制，终未成功。永明年间，齐武帝次子萧子良爱好古代器，命祖冲之试制器，一次成功。并且与周庙当年陈设的便于打水和倒水的器毫无二致，深得文惠太子与齐武帝的称赏。

祖冲之因为诸葛亮造过木牛流马，他自己造了一个运输工具，既不用水力、风力，也不用人力、畜力，竟能自转向前。可惜，没有具体记载，难得其详。

齐武帝时，他还造过千里船，在新亭江中试验，可以日行百余里。又在乐游苑中造水碓磨，武帝亲自去参观，以示嘉奖。

祖冲之是一个多才多艺的科学家，他还有很高的音乐造诣，写过音乐专著《述异记》10卷，对经学与诸子也有研究，写过关于《易经》《老子》《庄子》义注，又阐述《论语》《孝经》等专著，可惜都没有传世。

祖冲之的科学技术成就，将永远激励我们勇攀高峰，为国增光！

孙子之歌与韩信点兵

——算经十书

　　在我国民间，长期流传着一种数学问题，叫"韩信暗点兵"，或者"隔墙神算"。这个数学问题流传甚广，被文人写入诗中，传到了隔海相望的日本。

　　三人同行七十稀，五树梅花廿一枝，

　　七子团圆正半月，除百零五便得知。

　　这首诗中所写的"孩子问题"，最早出现在魏晋时期的《孙子算经》一书。它通俗地反映了我国古代数学中的一项卓越成就，那就是现代数论中的一次同余问题。

　　《孙子算经》中有"物不知数"问题：

有物不知其数，三三数之剩二，五五数之剩三，七七数之剩二，问物几何？

《孙子算经》所给的答案是此物23个。由于数字比较简单，这个答数通过试算就可以得到。而《孙子算经》并不是通过试算，而是通过"术文"，给出解题方法：三三数之，取数七十，与余数二相乘；五五数之，取数二十一，与余数三相乘；七七数之，取数十五，与余数二相乘；将诸乘积相加，然后减去一百零五的倍数。

将"术文"列为算式：

此物数=70×2+21×3+15×2－105×2，式中105是模数3、5、7的最小公倍数。《孙子算经》中给出的是符合条件的最小的正整数。对于一般的余数，《孙子算经》指出，只要把上述算法中的余数2、3、2，分别换成新的余数就行了。

"物不知数"题算法的关键，是"韩信暗点兵"中点出的3个数，即"三人同行七十稀"的70，"五树梅花廿一枝"的21，"七子团圆正半月"的15。这三个数，可以用最小公倍数3×5×7=105，各约去模数3、5、7后，再分别乘以整数2、1、1而得到。

现代数论的著名的剩余定理，基本形式已经包含在《孙子算经》的"物不知数"问题的解法之中。只不过

《孙子算经》没有按一般定理表述而已。后来，由宋代的大数学家秦九韶完成了剩余定理的工作。

1852年，欧洲的传教士伟烈亚力写成了《中国科学摘记》一书，介绍了《孙子算经》的"物不知数"问题和秦九韶解法，引起了欧洲学者的重视，给予高度的评价，称他们为"最幸运的天才"，称求解一次同余组的定理为"中国剩余定理"。

"物不知数"问题，只是《孙子算经》中的一个问题。像《孙子算经》这样的古代数学书，我国古代是很多的。下面，我们就向青少年朋友简单介绍中国古代唐以前的最重要的数学著作——《算经十书》。

《周髀算经》

关于《周髀算经》的成书年代，中外学者有不少争论。大多数学者认为《周髀算经》成书应不晚于公元前1世纪的西汉末年。

关于《周髀算经》的书名，学者们的解释也众说不一。中国古代数学家李籍在《周髀算经音义》一书中，认为"周"是"算日月周天行度"，即日、月运行的圆道为周。"髀"字解释为股骨，有人据此解释为骨制的算筹。英国剑桥大学著名科技史专家李约瑟博士，将书名译为《关于表与天的圆道的算术经典》。也有的学者把周解释为周朝，认为《周髀算经》是"公元1100年的一部完美的数学记录"。显然，这个解释与确认的年代都是不准确的。

《周髀算经》分上下两卷。上卷的第一部分是周公与商高的对话，他俩以问答的方式讨论了天、地的测量与直角三角形的公股定理（欧洲称为毕达哥拉斯定理）。称直角三角形的两条直角边分别为公股，斜边为弦，发现了勾三股四弦五，勾股平方和为弦之平方的关系。所以，已知其中两项可求第三项。利用这一原理，在古代测量中，可完成许多任务。如商高曰："平矩以正绳，偃矩以望高，覆矩以测深，卧矩以知远"。就是说把直角三角形平放在地上，可以用标绳设计出平直方形的工程；把直角三角形竖起来可以测量高度，倒立的直角三角形可以用来测量深浅，而平放的直角三角形可以测算遥远的距离。

第二部分是陈子与荣方的对话，主要是讨论日影的测量。首先估计在不同纬度上日影的长度差，接着谈论用窥管测量太阳直径的方法。

下卷讨论了与太阳的周年运动有关的计算，提到利用水平仪来取得测量日影所需要的水平面，并列出一年中各个节气的日影长度表。另外，还讨论了从日出日落的观察来确定子午线的办法，恒星的中天、二十八宿、十九闰周等天文问题。利用一根定表和一个游表在地面上测量二十八宿距度的方法，尽管这个方法测量得的是二十八宿地平经度差，而书中误为赤道经数差，但却为我们研究秦汉之前的赤道坐标系统和测量方法提供了信息资料。

《周髀算经》还是一部天文著作，书中的星图——"黄图画"，画有冬、夏至和春、秋分日道，又画有二十八宿和其他星象。这实际上是一幅以论天极为中心的全天星图，后人称这种形式的星图为盖图。

《周髀算经》记载的历法数据与战国、秦汉期间的四分术相同，比太初年间的《三统历》还早。年长为365天，19年7闰为235月，月长为29天。这些，也都是宝贵的天文资料。《周髀算经》不仅是我国古代数学史上的一部重要著作，而且是世界数学史上的重要著作。我国古代数学家陈杰在《算法大成》中评价说：《周髀算经》的伟大，在于它著于占星与卜卦占支配地位的时期，而讨论天地现象，却丝毫不带迷信的成分。欧洲的数学史家史密斯、日本的数学史家三上义夫都介绍过此书；欧洲科学史家毕欧李约把它的影响扩大到全世界。唐代收入《算经十书》的第二部古书是《九章算术》，本文不再赘述。

海岛算经

《海岛算经》是收入《算经十书》的第三部古书。

《海岛算经》是三国时期刘徽的著作，成书于魏元帝景元四年（263）。最初，《海岛算经》做《九章算术》的一章，列于《九章算术》之后，名字叫"重差"。唐代开始单独刊印，因书中第一个问题是测量海岛，改名《海岛算经》，并在刊刻《算经十书》时，列入其中，作为唐代太学学生的数学课本，得到了广泛的传播。

全书9个问题，通过讨论直角三角形的性质，讨论高度与距离的各种测量方法，并附以测竿与垂直的横木为工具。这9个问题：一、从海上测量岛屿的高度；二、从平地测量山上的树高；三、从远处遥测围城的大小；四、用矩尺测涧谷的深度；五、从山上测量建于平地的塔高；六、在平地遥测远处渡口河面之宽；七、在池边测量透明池水的深度；八、从山上测量河的宽度；九、从山上测量城市的面积。

这9个问题，说明了此书的实用价值，不论对军事，对城市设计，水利建设都有直接用处。唐代天文学家李淳风为此书作注，现代数学家钱宝珠校点过此书。赫师慎将此书译为法文，李约瑟用英文做过介绍。

《孙子算经》

《孙子算经》是收入唐代《算经十书》的第四部古算书，约成书于东魏或南北朝时期。现传本分为上、中、下

3卷。

上卷叙述算筹记数方法和算筹乘除法则；记录了度量衡单位的微小计量名称：如"十忽为一丝，十丝为一毫，""十圭为一撮，十撮为一抄，十抄为一勺"，等等。并附有简单的金、银、铜、铅、铁和玉石的密度（比重）表。

中卷，举例说明算筹分数算法和算筹开平方法，并有许多浅显易懂的应用问题。

下卷，除浅显易懂的应用问题外，还选取了一些算术难题。如前边所说的"物不知数"问题，就是其中之一。传下来，称为"剪管术"、"鬼谷算"（鬼谷子是春秋战国时期的思想家，善于推算）"秦王暗点兵"等。

英国传教士伟烈亚力将此书的算法介绍到欧洲，得到欧洲算学家马蒂生的称赞。

《夏侯阳算经》

《夏侯阳算经》是收入《算经十书》的第五部古算书，成书于南北朝时期，作者夏侯阳生平不详。

《夏侯阳算经》著录于《隋书籍志》："《夏侯阳算经》二卷"，也见于《旧唐书籍志》："《夏侯阳算经》三卷，甄鸾注。"《新唐书艺文志》则著录为："《夏侯阳算经》一卷，甄鸾注。"而收入《算经十书》的《夏侯阳算经》是3卷，并不是夏侯阳的原作，而是唐朝中期的实用算术书，有的学者认为是韩延所作，又名《韩延算术》。原本《夏侯阳算经》尚存600余字，从中可知，它叙述了算筹乘除法则、分数法则，解释了"法除"、"步除"、"约除"、"开平方除"、"开立方除"5个名词的意义。其他已不可考。

现在所看到的收入《算经十书》的《夏侯阳算经》，是韩延所作，约成书于公元770年。它分为上、中、下3卷，共83个例题。其中个别题与《五曹算经》、《孙子算经》相同。全书重点讲述了算筹乘除捷法、十进位小数的应用、各种结合实际的应用算术题。上卷的"明乘除法"章，引用了原本《夏侯阳算经》和《时务算术》的问题。中卷的"求地税"章，有按亩征税谷二题；"定脚价"章，有"两税米"和"两税钱"各一题；"分料"章，有分配官本利息问题；下卷的"说诸分"章，又有"两税钱"3题。这些都是珍贵的数学史料和结合实际的应用问题，给地方官吏和老百姓提供了应用数学知识和实际生活的运算技巧。

欧洲人赫师慎写过有关《夏侯阳算经》的论文。唐代以来，它又被列入太学生课本。特别是从唐代李淳风到宋代秦九韶的近600年间，只有《韩延算术》流传了下来，所以，它是研究这段数学史的非常重要的文献。

《张邱建算经》

《张邱建算经》是收入《算经十书》的第六部古代算书，书的自序告诉我们，此书写成于《孙子算经》、《夏侯阳算经》之后，大约是南北朝时期的宋武帝永明二年（484）以前完成。张邱建是清河人，生平不详。

《张邱建算经》全书分3卷，内容涉及等差级数、二次方程和不定方程等问题。所收问题大多与社会实际相关，如测量、纺织、交换、纳税、冶炼、土木工程、利息等问题。

作者认为乘除并不困难，而分数十分麻烦。书中用力指导分数的运算，收录分数应用问题较多。正确运用比例方法解答了几何级数问题。很重视算术问题的具体分析，提高了解题的技术。

《张邱建算经》是《九章算术》后，一部较有创见的算术书。有些问题的创设与解法，超出了《九章算术》的范围，在我国数学史上是有一定贡献的。现传本《张邱建算经》，也有此散。中卷少了最后几页，有几题缺失；下卷缺最前两页，缺失2—3个问题。中华书局1963年钱宝珠校点本，保存了92个题目，是一份珍贵的数学资料。

《缀术》

唐代收入《算经十书》的第七部是《缀术》。它是祖冲之与儿子祖暅两人所著。《隋书籍志》著录的祖冲之所著《缀术》是五卷，王孝通《缉古算经》所著录的祖暅所著《缀术》未言卷数。祖冲之父子，祖籍河北省范阳郡县（今涞水县），生活于南北朝时期的宋、齐两朝。

现传本《缀术》是宋代刊刻《算经十书》时，以《数术记遗》来代替的。《数术记遗》一卷著录为汉徐岳撰，现代学者考证实为甄鸾撰。

主要内容是大数进位和记数法。其书说："黄帝为法，数有十等及其用也，乃有三焉。十等者，亿、兆、京、壤、沟、涧、正、载。三等者，为上、中、下也。其下数者，十十变之。若言十万曰亿，十亿曰兆，十兆曰京。中数者，万万变之。若言万万曰亿，万万亿曰兆，万万兆曰京也。上数者，数穷则变，若言万万曰亿，亿亿曰兆，兆兆曰京。"这就是甄鸾的大数其及进位法。记数法列举了14种：积算、太乙算、两仪算、三才算、五行算、八卦算、九宫算、运筹算、了知算、成数算、把头算、鬼算、珠算、记数。这些算法大多数不是来源于实践，也很少能应用于实际工作与生活之中。对后世数学裨益不大，它的科学与实用价值都不能与《缀术》相比。

《五曹算经》

《五曹算经》是收入《算经十书》的第八部古算书。它也是甄鸾所撰。生活于南北朝时期北周王朝的甄鸾，字叔遵，河北省天极县人。曾任北周的司隶大夫、汉中郡守。他精通天文、算学，还著有《五经算术》、《数术记遗》等书。

全书分5卷，第一卷是田曹，讲述田地面积的量法与计算。第二卷是兵曹，主要讨论军队给养的计算问题。第三卷是集曹，与《九章算术》粟米的比例问题相仿，介绍各种粮食交易的计算问题。第四卷是仓曹，主要是介绍粮食的征收、运输与仓储的计算问题。第五卷是金曹，有关丝、绢、钱币的比例问题。《五曹算经》是为地方行政官员所写的应用算数书。解题方法浅显易懂，全部问题都能结合当时实际，实用性很强。其中，长方形、三角形、梯形、圆形、圆环形的面积公式与《九章算术》的"方田"章相同。"蛇田""鼓田""腰鼓田"计算面积公式有差错。读时应精心鉴别。中华书局1963年钱宝珠校点《算经十书》本，对上述错误皆有针砭，可供参考。

五经算术

《五经算术》是唐代刊刻《算经十书》时的第九部古算书，也是甄鸾所撰。

《五经算术》是对儒家经典：《尚书》《诗经》《周易》《礼记》《论语》《左传》中，有关数学知识的说明和计算方法的注释。如《尚书典》："以闰月四时成岁"句，用《四分历》法加以解释。《诗经伐檀》："胡取禾三百亿兮"，《丰年篇》"万亿及"，对兆、亿等大数加以注释。他批判了毛、郑玄等人的古注文，提出了自己对这些大数的进位法。《论语·学而》篇："道千乘之国"，认为千乘之国的面积是10万平方里。用开方法，知道是边长为316里68步的正方形。《周官考工记》车盖法，用勾股定理去解释。《仪礼》丧服经带法，用等比级数去解释。《左传》有关日历的记载，用6种四分历中的周历去解释。全部注文对数学没有什么新的贡献，是关于经文的一种古注。

《缉古算经》

《缉古算经》是收入《算经十书》的第十部古算书。唐代数学家王孝通所撰。王孝通生卒年不可考。《新唐书》说他唐初为通直太史丞，算历博士，他曾提出颁行的历法不当定，天文计算中，不应有岁差。武德九年（626），他又同大理寺卿崔善为一起，对傅仁均的《戊寅历》做了许多校正工作。在天文历法工作中，他反对岁差等新的科学发现引入历法计算，是一个守旧派。但在数学方面，他却是一个先进的创新派。《缉古算经》是他的代表作品，大约写成于唐武德八年（625）前后。

全书20道应用问题。包括天文学计算题，用算术法解答；立体体积问题，用三次方程解答；勾股问题，也用三次方程解答；解题列出的算式是四次方程，但可用开平方法解答。其主要贡献是三次方程应用问题解法。用"术"文阐述三次方程各项系数的计算方法，用小注说明建立方程的理论根据。

隋文帝统一全国后，开始修筑长城，开凿运河等巨大土方工程。对数学知识与测算技能提出了更高的要求。《缉古算经》中，介绍的开立方法（求三次方程的正根），解决了工程建设中存在的问题。王孝通结合工程实际问题，如建造上窄下宽、前高后低的堤防，创用开立方法，解决了一般的土方计算和验收工作中的问题。

《缀术》中可能有三次方程，但早已失传，其方法不能确知。《缉古算经》是讲解三次方程，传流至今的最早的算书。阿拉伯人10世纪以后，才有三次方程出现。12世纪前后，中亚学者奥马尔海牙姆（1048—1122）才较系统地研究了三次方程的数值解法。欧洲三次方程的出现则更晚。所以《缉古算经》中有关三次方程的数值解法是世界数学史上独占鳌头的成就。

世界五千年科技故事丛书

世界五千年科技故事丛书